Life Skills

此课程体系由世界卫生组织界定

改变你一生的 8 堂生活技能课

Gaibian Ni Yisheng De 8 Tang Shenghuo Jinengke

简倩如 文玉清 ◎ 著

每个人的未来不尽相同，决定其未来的关键在于青少年时期清晰的人生定位和掌握适应未来的生活技能。

中山大学出版社
SUN YAT-SEN UNIVERSITY PRESS

·广州·

版权所有 翻印必究

图书出版编目（CIP）数据

改变你一生的8堂生活技能课 / 简倩如，文玉清著 .—广州：中山大学出版社，2015.8

ISBN 978-7-306-05378-7

Ⅰ . ①改… Ⅱ . ①简… ②文… Ⅲ . ①生活－能力培养－青少年读物 Ⅳ . ① TS976.3-49

中国版本图书馆 CIP 数据核字（2015）第 172787 号

改变你一生的8堂生活技能课
简倩如，文玉清 / 著

策　　划：**Chinamate 忠美跨文化中心**
　　　　　WIN CONCEPT 威确文化中心（附属威确顾问有限公司）　赵东明

出 版 人：徐　劲
责任编辑：陈　芳　　高　洵
封面设计：林绵华　　晓　兰
装帧设计：林绵华
责任校对：刘　犇
责任技编：何雅涛
出版发行：中山大学出版社
电　　话：编辑部 020-84111996，84113349，84111997，84110779
　　　　　发行部 020-84111998，84111981，84111160
地　　址：广州市新港西路135号
邮　　编：510275　　传　真：020-84036565
网　　址：http://www.zsup.com.cn　E-mail:zdcbs@mail.sysu.edu.cn
印 刷 者：广州家联印刷有限公司
规　　格：787mm×1092mm　1/16　15.25印张　246千字
版次印次：2015年8月第1版　2015年8月第1次印刷
印　　数：1～3000册　　定　价：38.00元

如发现本书因印装质量影响阅读，请与出版社发行部联系调换。

掌握 Life Skills 生活技能
青春不再迷惘

—— 送给所有正在成长的青少年们

阅读指引

1. 这是一本适合11岁至21岁（人生关键十年）的学生用来阅读、自学、进修和自我完善的书籍。虽然书中讲述的是主角程诺初中时的故事，情境设置在一间中学，但因人生关键十年横跨不同的学习阶段，因此本书也适合高中生、大学生，以及老师、家长们阅读。

2. 本书不但可供读者了解自己，也希望可以推己及人，在阅读本书时，多和同学、朋友以及身边的人分享（正如书中的主角程诺也在学习过程中观察、帮助同学一样）。

3. 本书中有不少问卷、量表和游戏活动，除了增加阅读的趣味性以外，还有很有用的检测和了解自己的工具。不要嫌麻烦，不要怕困难，也不要觉得无用而跳过这些内容；但也不要过分认真，过于紧张所得分数、结果，执着于对错或是否符合"标准"。这些答案不像血压、体温，而只是一面镜子、一把尺子，可以让你更加清楚地认识自己。

问卷、量表、游戏的指引需一字一句斟酌、推敲，清楚要求才开始。有些活动需要多人同做才符合要求，比如，合作四方形、九点菱形等，请务必依照指示进行，否则难见效果。

4. 本书的活动也可在班级活动、课外活动或家庭活动中进行。

5. 每个人都有自己独特的性格，为何在成长过程中会感到迷惘？哪里出了问题？本书中的钟老师提供了六大锦囊，可让青少年朋友们的成长时光不再迷惘。

Life Skills 生活技能

6. 成长是个漫长的过程，学习也不可能一蹴而就。书中特别设置了"反思日记"和"行动计划"（书中有模版可供参考），提示读者在人生不同阶段进行反思和总结，形成清晰的人生定位。

7. 除了学习之外，压力的处理也是现今青少年面临的一大难题。本书告诉读者如何正确地认识压力，并介绍了减压的方法，让青少年更为顺利地度过青春期，健康成长。

8. 本书可作为读者终生学习的工具书，家长和老师也可通过书中介绍的方法与内容，更加了解自己的子女和学生。本书是大人与青少年沟通的一条捷径。

愿天下的青少年朋友们能够在本书陪伴下，开开心心地成长，开开心心地学习！

Life Skills 生活技能

陪伴你走进不一样的学习天地 ……

目录

序 言

推荐序 / 2

生活技能值得你一生学习（刘泽星）/ 2

作者序 / 4

凡事源于态度——生活技能让青春不再迷惘（简倩如）/ 4

Life Skills 生活技能课助你迈向美好人生（文玉清）/ 6

引 子

一场出人意料的演讲 / 2

改变一生的一次敲门 / 9

第一部 Life Skills 生活技能之基础课

第一课 学习是怎样达成的 / 28

第一章 你的将来会是什么样子 / 28

第二章 钟老师的第一个锦囊 / 30

第三章 你的学习习惯值多少分 / 32

第四章　四大学习风格揭晓 / 41
第五章　钟老师的第二个锦囊 / 48

第二课　你是谁 / 50

课后实践一：学习习惯与学习风格 / 50

第一章　你知道你自己是谁吗 / 53
第二章　自我与自尊 / 60
第三章　钟老师的第三个锦囊 / 68

第三课　120 分钟自我减压法 / 74

课后实践二：我的自尊我决定 / 74

第一章　压力知多少 / 81
第二章　压力的六大影响力 / 89
第三章　压力从哪儿来 / 91
第四章　与压力共舞 / 93
第五章　钟老师的第四个锦囊 / 97

第二部　Life Skills 生活技能之提升课

第四课　合作三部曲 / 102

课后实践三：压力无处不在 / 102

第一章　郊外的公车课 / 106
第二章　合作三部曲 / 108
第三章　科学馆的课堂活动 / 112
第四章　钟老师的第五个锦囊 / 121

第五课 嘘！请听，请说 / 125

课后实践四：合作精髓的奥妙 / 125

第一章 沟通是成功的前提 / 128

第二章 沟通大解读 / 131

第三章 做个会说话的人 / 133

第四章 沟通模式的分析 / 141

第五章 促进沟通的技巧 / 143

第六章 钟老师的第六个锦囊 / 145

第六课 学会做决定 / 147

课后实践五：倾听100分，沟通100分 / 147

第一章 做决定，价值澄清与批判思考 / 153

第二章 做决定的 N 种方法 / 156

第三章 抉择的艰难过程 / 160

第四章 批判性思考的两大环节 / 163

第三部 Life Skills 生活技能之梦想课

第七课 你的人生你做主 / 168

课后实践六：程诺的决定 / 168

第一章 时间如流沙 / 171

第二章 你是否浪费了时间 / 176

第三章 为什么留不住时间 / 178

第四章 时间管理的魔法 / 181

第五章 零敲碎打——善用闲暇 / 186

第八课　你掌握了攀登人生高峰的要诀 / 196
课后实践七：搞定自己的时间表 / 196
第一章　没有目标，人生将走向虚无 / 200
第二章　珍惜每一天，确立目标正当时 / 205
第三章　我能够…… / 209

第四部　毕业前的考验

第一章　没有 Life Skills 生活技能课的日子 / 214
第二章　终极考验 / 215
第三章　独自行动，不如与人合作 / 218
第四章　家庭大变身 / 218

作者赠言

Life Skills 生活技能课之反思日记 / 221
Life Skills 生活技能课之行动计划 / 222

后　记

确立目标，做人生赢家（简倩如）/224

推荐序

生活技能值得你一生学习

作为教学近30年的大学教育工作者，我特别关注年轻人的性格成长和素质教育。在我看来，年轻人除了应掌握必备的专业技能知识以外，还应该在待人处世以及追求人生目标等方面具备以下的态度：

积极、谦厚的学习态度；诚实守信；理解与尊重他人，平等待人；乐于与人合作，宽待他人，包容他人的缺点……

这些良好的态度是帮助年轻人走入社会，安身立命，追求梦想的引路石。而一切良好的态度，都从人生关键的十年开始形成。生活技能帮助年轻人在适当的年纪学习和形成良好的态度，帮助他们的性格成长，走向未来。

学业有成、工作顺利并不是生活技能的终点站；在五光十色、竞争激烈的社会中站稳脚跟，坚守自己确信的价值才是我们应当追求的。建立了良好的态度这一基石，年轻人才能拾级而上，在不同的岗位上发光发亮，跨越生活中与生命中形形色色的挑战。

作为从医30年的医生，我特别关注生活技能的重要性，当中包括与人相处及沟通、宏观地了解个人与社会的关系、经常做好准备的重要性、具备处理人生不同处境的能力和掌握一门专业。"No man is an island.（没有人是一座孤岛。）"无论你愿意与否，每个人都需要学会和身边的人与环境和谐相处。小至两人拌嘴，大至环球议题，没有人能以一人之力独自解决。与人沟通、合作的技巧看似老生常谈，却是我们一贯所应重视的。年轻人越早接触这些通向成功的元素，越能确保他们在恰当的路途上发展自我、贡献社会。

现在的年轻人处于一个信息高度发达的时代，越来越多的新媒介、新兴趣点在吸引年轻人的关注和聚焦。这些新媒介均存在各自的优点和缺点。然而，当信息科技看似是与年轻人沟通的首要媒介时，作为一位教师，我坚信书本仍是一种重要的沟通工具。

因而，当我收到这本《改变你一生的8堂生活技能课》之后，很欣慰见到本书出版的宗旨恰是为了培养、教导青少年们所应具备的生活技能及人生态度。本书从一位十几岁的学生参与生活技能课程的角度出发，带出8堂生活技能课的内容。富有趣味性，寓教于乐，可读性强，且可作为年轻人的实践之书和日常学习的工具书。它更是一本历久常新、具可持续性学习价值的工具书。因为压力并不是一了百了。生活技能及人生态度没有最好，只有更好。解决了12岁时的成长困惑，不代表你能以同样的姿态从容处理22岁时将要面对的压力。本书能引导你持续改进生活技能和人生态度，并利用这些生活技能面对成长各个阶段的挑战和压力，愈战愈勇，遇强愈强。

应邀写序，我很希望在此恭贺此书的作者们。因他们确有不凡的视野去撰写此书，并凭着他们的勇气、努力去推广他们的教育信念予年轻人。诚然，我相信很多人也会因阅读这本《改变你一生的8堂生活技能课》而获益受惠。生活技能值得你一生学习。

我高度推荐这本《改变你一生的8堂生活技能课》予广大读者。

刘泽星教授
香港大学李嘉诚医学院副院长（教学）
香港大学李嘉诚医学院内科学系风湿及临床免疫科讲座教授
香港大学於崇光基金教授席（风湿及临床免疫学）
香港医学专科学院副主席
2015年3月于香港

作者序

凡事源于态度
——生活技能让青春不再迷惘

阳春三月，风和日丽，万物复苏，春花烂漫，绿树新芽。一年之计在于春。在春天播下希望的种子，便有机会静待秋日的累累硕果。这是泱泱大国之繁衍生息、传承千年的自然法则，也是耕种之人对美好生活的向往与规划。

开春之际，在这神清气爽的日子里完成这本书，真是有了"淡妆浓抹总相宜"的美感。皆因这是一本教你开启人生的春耕，及至夏长，再逐步走向未来之秋收的书，它或是你的工具书，或是你枕边、书包内、课桌上、随身携带的小伙伴，是你在遇到困惑后随时可供翻阅的小助手。相信我，它的到来，就是为了和你做朋友。

诚然，这是一本讲述态度的书。何谓态度？对己之事，对人之事，对集体、社会之事的相待与处理，皆为态度。如，在青少年时期的你，最重要的事自然莫过于学习。所谓学习，含义应该更为广泛，今天之学习，或可将其分为课堂内、家庭内与外面的世界三大学习范畴。要掌握好这三大范畴的学习精粹，首要之事便是树立良好的态度，让这态度启发你积极向上，寻求更好的学习方法，改善学习习惯。

至于对他人，包括待人接物，交朋结友的体验与行为，也宜从良好的态度出发，"海内存知己，天涯若比邻"，孔子也曾说，"有朋自远方来，不亦乐乎"，可见古往今来，与他人相处的良好态度、真诚交友的准则，历来是被有识之士所推崇的。

若论对集体、社会，更需要树立正确的人生观、是非观、价值观及有良好的态度。这才能在集体和社会中游刃有余，发光发热。

我们常说，要对青少年进行素质教育，其实，良好态度的建立，便是素质积累的开始。有了好的素质，你便拥有了无形的魅力与优势，这些将助你在未来社会建立更好的人际关系，获得更多发展的机会。可以说，态度是素质的开始，素质是成功的基础，彼此相辅相成，成为你未来人生发展必不可少的环节。因此，想要达致丰硕的人生，拥有可期的美好未来，想要过好这一生，古人强调：凡事三思而后行，依我说，凡事之起源，皆在"态度"二字，态度决定一切。

  本书虽不敢称匠心独具，却也苦心孤诣。本书介绍了Life Skills生活技能，这一套理论在欧美与香港已经盛行数十年，成为成熟的学科，但在内地，它还是少为人知。但我们相信，"他山之石，可以攻玉"，Life Skills生活技能课必能为内地青少年展开一幅新颖的画卷，带你走进不一样的学习天地。为此，我们一直在思考，如何能让原本身居庙堂的学术理论变得亲切可人，能够"旧时王谢堂前燕，飞入寻常百姓家"，因此，我们将本书的Life Skills生活技能课设置为8堂课，分三阶段：基础课、提升课和梦想课。如今的文人墨客皆讲"情怀"，你也不妨在阅读本书之时抱有一种情怀，将自己视作一位学习耕种的人：基础课带你春耕，在人生的黄金时代打好根基，撒下种子，与对未来的美好期许一并种入春泥；提升课助你进行自我训练和成长提升，度过你的夏长；梦想课引你确立自己的目标、人生定位、方向规划。等待终会过去，金黄秋天必将到来，你也将收下满怀成果。"风物长宜放眼量"，这成果，不以物质衡量，不论名望高低，却绝对是对你良好态度的丰厚回报！如此，Life Skills生活技能陪伴你谱下自己的四季歌，实现美满、成功的人生。

  我们都曾经历过青春期，也曾在青春岁月面对未来的十字路口而陷入迷惘。希望Life Skills生活技能以及本书能成为你青春期的红绿灯，指引你前行的方向，助你在人生的征程中，带上良好态度，启程。

  在此特别感谢中山大学出版社倾力打造本书，感谢曹巩华先生对本书的宝贵建议。

简倩如

2015年3月于香港

▎作者序 ▎

Life Skills 生活技能课助你迈向美好人生

各位年轻的读者朋友,当你翻开这本书时,我希望你会看出来,这是一本独特的书。它不是一本理论性强、枯燥乏味的书,却包含了不少心理学、社会学和教育学的理念;它不是一本教科书或考试必读书,却又与学习、考试等息息相关;它不是一本纯自学的书(书中也有一位钟老师),但又要求各位读者步步参与、全程投入、学以致用;它更不是一本供消闲娱乐的书,却又情节吸引、饶有趣味。说到底,它究竟是一本怎样的书?我只期望这是一本令你觉得开卷有益的书。

这书叫《改变你一生的 8 堂生活技能课》,顾名思义,是一本与人生、成长和发展相关的书。书的理论本源自心理学、社会学和辅导学,却不局限于理论的阐析。笔者的专业是教育和心理辅导,退休前大部分时间从事教学和师资培训,尤其着重青少年人格发展和个人身心灵健康的"全人发展教育"(whole person development education)。读书、教学、研究 40 年,迎接一批又一批青少年走进校门,目送一批又一批年轻人踏入社会。他们中的有些人适应得很好,生活过得充盈丰盛,有些却坎坷满途,令人唏嘘叹息。后者不一定是差生、劣生,前者也不见得尽是资优卓越的精英,唯一的分别只是:谁更能掌握好学习成绩以外的种种生活技能!

笔者自 1986 年从事师资培训开始,就察觉到接受训练的准老师们在成长为一名称职的新手老师之前,都必须经历一段蜕变的过程——由遵照别人的方式教学到寻找发掘适合自己学习和传递知识的模式;由模仿、接纳、修订、转化到创新;由外化进而为内融,是一个可见的成长历程。当中涉及的众多因素——个人天赋、家庭支持、亲子关系、学校师长培育、行事作风、形成习惯、与人相处、互动沟通、合作解难、压力冲突处理等，均直接或间接地影响个人发展及成就。由此，笔者从20世纪90年代初，与一群同事们将当时在西欧各国业已推行多年的、于个人成长大有裨益的Life Skills生活技能引入香港的师资培训课程，使之成为当时师资培训的基础科目。多年下来，毕业生、任教同事以及中小学校长纷纷对生活技能课予以正面评价，不少同学更反映，生活技能课是令他们获益最多、最有用的一门功课，并常有相逢恨晚的慨叹！

此后20年，生活技能课不但在香港教育学院等高等院校站稳阵脚，在老师们努力推动下，更遍布中小学的非常规教学中（相关课程名目繁多：班导师课、成长课、生活营、个人发展小组等），影响不可谓不深远。除传统教育外，年轻学子在德、体、群、美、灵、情（情绪／情感）等方面的教育都有更为均衡的发展，而"全人成长"的理念亦由此广为社会人士所接受和支持！

生活技能课不是传统的学科，考核也不用常规的考试、测试形式，强调参与和反思，评估是多方面的：着重个人在自我、人际关系和社群三方面的持续进步和发展。学生只用"今天的我"和"明天的我"比，又可以用"今天的我"期待更好的"明天的我"的到来。没有等级分数的压力，没有你死我活的竞争，没有优胜劣败的淘汰，有的只是更好、更强、更了解，更有自尊、自重和自信！更能爱己，也更能爱人！更能为国家、社会以及人类做贡献！

期望阅毕此书的年轻朋友们均能掌握和应用书中所介绍的各项生活技能，茁壮成长，迈向更丰盛、更美满的人生！

文玉清

2015年3月于香港

Life Skills 生活技能

态度是素质的开始，
素质是成功的基础，
良好的态度是走向成功的第一步。

引子

如何凭自己的努力,
依靠良好的条件,
让成绩得到提高?
答案:第一步,忘记右脚,回到真我……

Life Skills 生活技能

一场出人意料的演讲

这个早晨似乎和往常有点不一样,原本熙熙攘攘的校园、沸腾的田径场、处处有苦读的学生身影的花园,为何如此人影寥寥?

这是怎么了?人,都到哪儿去了?

再看看偶尔在路上匆匆掠过的学生,都往一个方向聚集。咦,那不是平常人迹罕至的礼堂吗?今天为何却如此灯火辉煌、人头攒动?只见几百个学生端坐其中,还有老师,甚至还有家长。此刻,他们有的翘首以盼,有的窃窃私语,有的却是一脸怀疑。

"老师们,同学们,还有特地赶来的家长们,早上好!很感谢各位今天来到这里!我和大家一样期待这个人的到来!他在去年以全省总分第一的成绩考上国内最高学府,现在就让我们以热烈的掌声请他出来!"

德训中学校长的开场白让原本沸腾的礼堂安静了片刻,旋即又响起如雷的掌声。在经久不息的掌声中,只见一个人从容地走上讲台,他精神飒爽,身材挺拔,仔细一看,是一位面容俊秀的年轻人。

"谢谢校长,谢谢大家。我叫程诺,大一学生。当校长让我来做一场关于学习的讲座后,我问自己,是否有那么多能分享给大家的东西?我该给大家带来些什么?"程诺话音一转,"咱们这就进入正题吧。大家都知道今天来此,是要听我演讲。那么,我想问大家一个问题:今天演讲的题目,或者说关键词是什么?知道答案的请举手。"

很多学生把手高高举起。一个身穿粉红色校服的女孩子被程诺叫了起来,她接过话筒说:"学习。"

另一个戴眼镜的小男孩则站起来说:"成功。"

"好,学习和成功。"程诺一指大屏幕,读出显示的第一张幻灯片:"为你打开成功之门——程诺学习经验分享会。"

"一年一度的高考又将来临。校长为我布置了这个演讲题目,我相信,这也是诸位学弟学妹、诸位老师，乃至叔叔阿姨们来到这里希望听到的内容吧。"

大家在台下纷纷点头。

"有句话叫作'要高分，上德训'，德训中学是省内重点中学，升学率多年来雄踞省级前三甲。进德训的人，诸位学弟学妹、诸位老师、诸位家长最希望看到的，也是学弟学妹们能够在高考中脱颖而出，考上心仪的大学，进入不错的科系，将来能有个更好的前景，对吧？我们从小受到的教育，都是奔着这样的一个目的，说得不好听，是功利性的。我不是想攻击这样的教育理念，我也是在这样的理念中长大的。"大家偷笑。

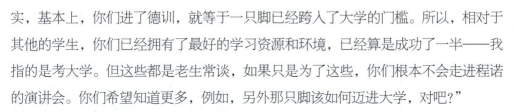

程诺却没有笑，而是严肃地说："其实，基本上，你们进了德训，就等于一只脚已经跨入了大学的门槛。所以，相对于其他的学生，你们已经拥有了最好的学习资源和环境，已经算是成功了一半——我指的是考大学。但这些都是老生常谈，如果只是为了这些，你们根本不会走进程诺的演讲会。你们希望知道更多，例如，另外那只脚该如何迈进大学，对吧？"

大家又兴奋起来。

"大家的目标一致，都是为了考上大学。那么，考大学，又是为了什么？你们想过吗？"

大家又举手了。有的说，为了以后找个好工作；有的说，是爸爸妈妈想要他考大学；有的说，大学可以学更多东西；还有甚者，说读大学是为了出国。

"大家说的都不错。那么，大家有没有认真想过，以上种种是否就是你们考大学、考好大学的所有原因或者动机呢？"

大家安静了下来，会议厅气氛变得肃穆起来。

"这个问题,我们在演讲结束后再回答,现在先不要去管它。但我有一个提议,大家可以带着这个问题来听接下来的内容。这样,到结束时,也许你已经有了答案。现在,让我们回到前面——要考上心仪的大学,你还需要什么?"

"你还需要什么?从老师和学者的观点来看,包括以下这些东西。"

"可以说，你的左脚等于外因，也就是你能考上大学的客观条件；右脚呢，就等于内因，也就是主观条件。我想，这也就是我们古语说的，'师傅领进门，修行靠个人'。所以，校长给我布置的任务，是如何凭自己的努力，依靠良好的条件，让成绩得到提高。说实话，这个题目很难讲。校长建议我将自己的经验跟大家分享，启发大家，说说我去年是怎么取得全省高考第一名的成绩，我是怎么学习的。"

大家纷纷点头。

此图一出，众人哗然。这是什么意思？为什么想迈出右脚，先要忘记右脚？

"我知道大家很疑惑。我的意思是，大家先不要管什么左脚右脚，也就是先不要管任何跟升学、考试有关的问题——仅仅关注现在。此时，先把脑袋全部清空，就像倒垃圾一样，把垃圾先倒掉。如果清不干净，可以尝试闭目养神几秒，眼观鼻，鼻观心，什么都不要想，等脑袋安静了，再睁开眼睛。接下来，我们的讲座正式开始！我先跟大家透露一下，我们接下来的内容，会是讲授和活动相结合的形式，请大家准备好，积极参与，踊跃发言！"

听了程诺此言，气氛又变得活跃起来，大家更加期待他将要带来些什么。

"现在，我再问大家一个问题：你们认为，一个人的人生中，最关键的时光是哪些年？"

这个问题对于台下的中学生们而言，似乎有些深度了。他们变得不那么确定，有人试探性地说："大学？"还有人干脆说："青春期！"

大家哄然大笑。程诺也笑了，接着说："也对，也不对。其实，严格来说，我们一生中最关键的时光，在我们每个人的人生长河里，只是占据短短的一段。"

"十年。不长也不短。按照我们作为学生的就学阶段来说，这十年，横跨小学六年级—初中—高中—大学三年级。为什么说这十年最为关键？可以这样说，这十年包含了我们的青春期，包括我们从懵懂到开始成长，再到面临进入社会这一段漫长的历程。在这十年里，我们从一个小孩子，慢慢长大，到我们二十来岁时，已经是一个需要走入社会去奋斗的年轻人了！所以，这十年中发生过什么，你学到了什么，对你今后在社会中的发展来说，是不是至关重要？如果把这十年过好了，这十年的基础打好了，那么，你将来走入社会，无论你要做什么，是不是可以更加游刃有余？更能获得你们想要的成功？"

影响：未来社会的发展
　　　一生的经历

在座的学生们似懂非懂地点点头。

程诺看着台下那一张张稚嫩而充满朝气的脸庞，有的人若有所思，有的人又浮现出疑惑的表情，了然地说："我看，在座的学弟学妹们一定有一个疑问：你已经过了11岁了，现在来谈如何过好这关键十年，是不是为时已晚？不！一点也不晚。"

11岁 ========================= 21岁
进入，开始

"如图所示，我们的人生就像一条长长的河流。而这十年便是这条人生长河中的一段。在这十年时间里，无论你想要从哪一点进入，都没有问题，因为你一旦选择进入，就立即进入这条河流，汇入河水中，一路向前了。所以，各位都是这十年里的一朵小浪花。今天的讲座我们还将解决一个问题：如何有效地进入这条河流？如何抓住人生的关键十年？"

这真是一场被吊足了胃口的讲座。

当众人纷纷期待程诺接下来会说些什么时，他忽然走入后台，过了一会儿，拖出一个大行李箱。

"现在，第一步，我想要大家完成一个任务。我这里有一份问卷，请诸位学弟学妹，在你忘记右脚之后，认真地逐一解答。老师和家长们，也请完成一份。因为你们的答案也很重要。"

问卷被派到每一个人手里。薄薄的几页纸，写满了问题。

"大家看，你们手中这份问卷，普普通通，几页纸就完了。但是，我可以很负责任地告诉大家，几年前，就是这样的几页纸，改变了我的一生。"

此言一出，众人皆惊。手中那薄薄的几页纸，忽然似乎变得厚重起来，大家不禁郑重地拿起问卷，重新审视起来。

这到底是怎样的一份问卷？

大家在下面议论纷纷。程诺看在眼里，不禁微微一笑，眼前的人们与当年的自己，何其相似！

"我知道，大家很想问，这份问卷是如何打分的？我很坦白地告诉大家，没有标准答案和分数！既然如此，为什么还要做这份问卷？我想告诉大家，不要管那个标准答案，就像开始时，我让你们忘记右脚，忘记一切跟考试、升学有关的事情，什么都不要想，只是关注你的现在，关注当下这一刻，用第一反应把你的答案写下来。不要问为什么，一切等你们做完这份问卷，我再揭晓。"

大家虽然仍满腹疑惑，但还是依言纷纷掏出笔，开始认真地做起问卷测试来。

整个会议厅忽然变得十分安静。程诺的精神暂时松弛了下来，要知道，为了今天的演讲，他准备了很久——到底应该为眼下这些学弟学妹们介绍些什么？是跟大家分享常规的学习经验，比如，最直接的，如何学好数理化，走遍天下都不怕，还是讲他自己认为最应该讲、最值得讲的内容？

最后，他选择了遵从自己的内心。

其实这内心的选择，得归因于一个人。或者说，要感谢那个人，为自己打开一扇门，从此带自己踏上了一次奇异的旅程。

窗子被风儿微微吹开，程诺竟然闻到了久违的玉兰花清香，还有德训校园内阳光的新鲜味道。他沉醉地深呼吸，感到空气沁人心脾，身心舒畅。程诺看着台下有些熟悉，有些陌生的面孔，陷入了沉思：

当他今天一踏进德训的校园，一种亲切而熟悉的踏实感就迅速占据他的内心。无论离开德训多久、多远，那些美好的事物、美好的回忆，一直还在，就像这些玉兰树、这片小花园。就像，那一年，那个人……

改变一生的一次敲门

"妈，您带我来这里干什么？"

阴天，一个小胖子正在一栋看起来平淡无奇的大楼前，和他妈闹别扭。

要知道，这样的天气，对于正值初二的程诺而言，是极不适合出门的。在他看来，这种鬼天气，最适合做的莫过于在家里打电脑游戏；或者，窝在沙发上，边吃零食，边看电视卡通片。都怪妈妈，非要拉他出门，说是要去拜访一个人。

李洁美看着自己这个宝贝儿子，无奈而温和地笑了。李洁美和先生平时工作非常忙碌，没有太多时间管教小孩。是什么时候开始，儿子竟然长成了现在这么个小胖墩的模样？她和先生的家族都没有肥胖基因，但程诺14岁不到，体重已经将近80公斤了。再这么下去，医生说，儿子会早熟，随着年纪增长，还会出现很多问题。

但这还不是李洁美下定决心要带儿子来拜访这栋大楼内这个人的所有原因。

"来都来了，听妈妈的话。妈妈事先做过很多功夫了，你不会后悔的。"

"叮咚，叮咚。"门开了，一位戴着眼镜，满面笑容的中年女性把他们迎进去。

"程太太，你们来了！欢迎之至啊！"

"钟老师，您好！我带我儿子来叨扰您了！"李洁美催促程诺，"程诺，还不叫人？"

"钟老师好。"程诺虽然不情愿，但素来程先生和李洁美的家教很好，他还是很听话地打了招呼。

钟老师看着这个小胖墩一脸的委屈，心下了然："啊，你叫程诺，对吧？初次见面，我叫钟慎之，希望我们很快能成为朋友哦！"

程诺不置可否。

原来，为了今天的这次拜访，李洁美之前已经与钟慎之接触过，并将程诺的情况给她做了详细的介绍：

程先生和李洁美是高学历和高收入人群，家境小康。在这个优越的环境里出生和成长的程诺，从小就是个聪明的孩子。从小到大，程诺基本上就没怎么认真学习过。每当李洁美让他温习功课，他总是满不在乎地说："妈，书上的内容太简单了！我都已经看过很多遍了，都能背了！"

李洁美不信，抽查书本的内容，果然儿子对书上的内容倒背如流。看来，儿子真的是个天才儿童。

但这个天才儿童，却一直让李洁美忧心忡忡。也许是因为觉得学习是一件太容易的事情，也许是因为从小到大受到周围人们的盛赞，让程诺自视甚高，他甚至看不起学习，看不起书本，也看不上老师。升入初中后，功课多了，考试也多了，程诺的成绩竟一落千丈，排名滑到了班级中下游。然而，程诺不但没有要发奋的意思，还开始迷上了电脑游戏，不但每天晚上吃完饭就窝在房间里打游戏，节假日也不愿意出门，天天宅在家里玩游戏。李洁美劝也劝了，骂也骂了，有时候实在气急了，就把家里的网络掐断了，让他没得玩。

程诺倒也随遇而安，转而迷上了看电视。放假在家，天天恨不得抱着电视机睡觉，一边看，还一边吃零食。李洁美印象最深的一次是她加班回家，一开门，竟看见儿子买了只烤鸡，边吃边看电视！她差点气得晕倒过去。

程诺不爱出门，也不喜欢运动，再加上那些不好的生活习惯，小小年纪竟长成了一个小胖子。

北宋文学家王安石的《伤仲永》介绍了一个天才沦落为一名庸才的历程。方仲永是一名神童，五岁初次接触文字便能作诗，邻里都赞不绝口。但由于其家长不懂得开导和教育，以及学习不得法，十多岁时，已经"泯然众人矣"。王安石借方仲永的例子告诫人们，绝不可单纯依靠天资聪颖而不去努力，必须注重后天的培养和训练，强调了后天教育和学习对成才的重要性。

李洁美相信自己的儿子是个聪明的人，然而，眼前程诺的情况却令她担忧。明明是个很有天分的孩子，可是为什么成绩却一落千丈？她担心，也不愿意看到儿子像方仲永那样"泯然众人矣"。程诺现在上初二，很快就要升初三，考高中，以他这种对待学习的态度，即使上了高中，也不知能否适应并且在学校脱颖而出。她想起这些问题就头疼！

其实，李洁美并非一味追求考试得高分的家长，她深信考试分数并不足以用来判断一个孩子的优劣，但她希望自己的孩子将来能够真正成才，即使不能成为栋梁，也希望成为对社会尽一份绵力，做出贡献的人。因此，她一直在寻找，想找一个适合儿子的辅导老师，找一门可以改变儿子的辅导课，能够把这个小天才从一堆零食和电脑游戏中解救出来。

那么，钟慎之是什么人呢？李洁美费尽心思地把儿子带来，会有帮助吗？

 你的右脚走错了

钟慎之先问了程诺一个问题：你为什么来上课？

这还用问？程诺看着妈妈。

"好的，这个问题想必你觉得过于简单，那就先不管它了。我再问你一个问题，你的将来，会是怎样的？"

看着不知作何回答的程诺，钟慎之解释说，"你是聪明的孩子，这个大家都知道。可是，你坐在这里，知道外面发生了什么事情吗？我们每个人，不论聪明还是平庸，最终都要走向社会，就像你的父母，或者像我一样，在这个社会上奋斗打拼，往小了说，是为了生存、生活得更好一些；往大了说，则是为了实现一些个人的价值，做一个有价值的、对社会有益的人。对吗？"

"不管你是否承认、接不接受，我们的时间都是往前的，人都会长大，你都会迎来进入社会的这么一天。到了那一天，你猜自己会是什么样子的？你的父母给你提供了现在你所享受的衣来伸手饭来张口的生活。但是，人都会老的，包括你的父母。你认为你现在这样无所事事、打游戏、不学习，以后进入社会，你还能过这么优哉游哉的生活吗？"

14岁的程诺听到的，就是5年后他站在德训会议厅的讲台前为学弟学妹们介绍的关于"两只脚"的理论。换言之，当年的他、他的天分、他的父母，就是他的左脚，而他的右脚，在那些年，却暂时走错了方向。

 ## 没有目标，就先不管目标

"你的目标是什么？"

想想，程诺还真没有什么目标。在钟慎之的提示下，他回想了一下自己的生活：天天上课下课，打打游戏，看看电视，睡觉吃饭。日复一日，年复一年。

将来是什么样子？他想要的是什么？这些问题，他从未认真思考过。可是，也对啊，不能一直这样下去。总有一天，他得脱离父母，自己生活。那时，谁给他做饭，谁给他衣服穿？找份工作，他相信不难，但是，那会是自己喜欢做的吗？可是，自己又喜欢做什么呢？难道，看电视、打游戏可以作为职业？

程诺犯难了。

钟慎之告诉他，从教育学的角度来说，每个人都有一个黄金时代，就是11岁到21岁之间，这是人生的关键十年，而他正好处在这个黄金时代。因为这十年是个承上启下的时代，是心智、思维逐步成长的时代，也是理想、目标逐渐确立的时代，这十年过得有意义，打好了基础，他想知道的问题、他的目标、他的未来也就明确了。

"不知道自己的目标，迷茫于未来，不要紧。很多和你一样大，甚至比你大的年轻人，在这关键十年里，都有和你差不多的困惑。"钟慎之让程诺先不要为自己急着下结论和定目标，正好趁着自己迷茫，通过学习和领悟，去探索、去找寻自己想要的目标。

可是，钟慎之所谓的学习，不是一般的数理化，那指的是什么呢？

 未来的你，能否适应这世界

钟慎之拿出一个地球仪摆在程诺面前，又用一支笔画出两个地方。

"亚洲、北美洲。"程诺不假思索地说。

钟慎之点点头："从亚洲到北美洲，怎么走最快？"

"飞机。"

"没有飞机的时代，靠什么呢？火车、轮船，对吧？那么，为什么现在都选择飞机？因为它快，节省时间。这说明什么？世界一直在改变。现在我们这里是白天，北美洲呢，是夜晚。再过几个小时，我们就和他们调换过来了。为什么会有这样的现象？"

"因为地球在自转，并且绕着太阳而公转，所以会有白天和黑夜的交替。"

"对，地球从没有停止过转动，这种转动带来什么？带来改变。这种改变也是从不停止的。所以时间，从矢量上来说也是流动的。不是有句名言吗？'人不可能两次踏进同一条河流'，指的也是时间和空间都是改变的。"

"这种改变还表现在什么方面？程诺，你有手机吗？"

程诺摇摇头："我妈不让我用。"

一直沉默的李洁美插嘴说："我怕他又迷上手机游戏！"

钟慎之表示理解："手机是现代化改变的一个产物，但它也是一直在改变的。在你更小的时候，那时候手机还不是这么普遍吧？而现在，手机是每个成年人都随身带着的东西。你现在没有手机，也不需要手机；而未来，你需要手机了，会不会带一个这么大的手机上街呢？"钟慎之拿出自己的手机，展示给他看，"会不会它变成你衬衫上的一粒纽扣，当你需要的时候，开启它，你的面前就出现一个隐形的手机屏幕，上面有你想要的信息；而当你不用了，它又变回纽扣？还有，你喜欢玩电脑游戏。电脑今后是不是也和手机合二为一，变成你的纽扣？毫无疑问，世界是每天都在改变的。我们每天吃的东西不同，看的电视也不同——要是相同，那也没人看了，对吧？你妈妈每天穿的衣服也是不同的吧。"

程诺看看妈妈，忍不住笑了。

"那么，说了这么多改变，你也一直在看到这些改变，你想象一下，将来的某一天，不论你是干什么的，要面对这个社会时，那时的世界会有多大的改变，你能估计吗？你能拍着胸脯说，那时候的你对那时候的世界并不陌生，你会很适应那些巨大的改变，并让自己过得很好吗？过得很好，不是指你多么有名，多么有钱，而是，你实现了你的目标——对，我又提到了这个词，不过不用担心，这个我相信等你上完课后，你自然会找到答案的。现在，你想想，未来的你，能适应未来世界的改变吗？"

 ### 装备技能，不在迷惘中度过

未来世界会变成怎么样？要如何去适应未来的改变？程诺忽然对未来生出一些迷惘，同时也多了一份期待。

"程诺，你很聪明。如果就这样读书读下去，我相信你也能考个不错的学校，将来会有一个好的前程。但是，你会不会还想在迷惘中度过你这关键十年？你希望这个样子吗？你想弄清楚你到底想要什么吗？这些问题，在上完这几堂课之后，我相信你会找到答案的。"

"钟老师，到底您要我上什么课呢？"程诺忍不住问。

"Life Skills 生活技能课。"

这是什么？程诺一头雾水。

什么是生活技能？吃、喝、玩、乐、睡？这还用学？

"当然不是。这些只是生存技能,换言之,是让我们作为一个人,活在这个世界所需要具备的基本能力。"

生活技能的范畴则广泛很多。

生活技能的理念来源于欧美,严格来说,它并非一个学术的专有名词,它是个人成长所需的,在日常生活非常重要、非常有用,但又常常被人忽略、轻视的知识和技巧。这些知识和技巧源于青少年发展心理学、辅导学和社会学理论的精华运用,并配合不同的社会文化凝练而成。它是采取深入浅出、源于理论但又不限于理论的方式发展出来的学科。它配合青少年的成长阶段,有针对性地给予教育和促进实践,使个人能够充分发挥所长,不仅限于学习成绩、书本考试,更是智商以外的德、群、美、灵、情等各方面均衡发展的根本。

"这些是生活技能的专业解释,读起来会有些艰涩。不要紧,我们换一种说法。想象一下,从小到大,你会面临很多不同的身份转换;在未来,不论你做什么,你将有可能体验多种角色的经历:由家中的小孩宝宝,到中小学生;从个人到公民的各种身份(班级干事、组织成员、伙伴、夫妇、员工……),并在各种身份中胜任愉快,展现各种才能。这当中要学的可多了,包括学习、建立关系、工作、余暇、个人成长、社化发展,这是建立你一生的能力,也是适应世界转变、社会发展所必需的手段。因此,世界变了,生活技能得跟上!你得善用青少年到成年的黄金十年装备好自己,掌握和实践生活技能,并且能在将来选取的事业或人生角色上实践各项生活技能。"

为了让程诺对 Life Skills 生活技能有一个更加清晰的认识和理解,钟慎之画了一张表。

我们需要投入 →　　　学习　　　　　建立关系

要完成这些，我们需要这些

技能
- 语言、文字
- 数学运算
- 资料搜集
- 全脑学习
- 计算器应用
- 记忆、选取……学习技巧

- 发展、维系及结束关系
- 沟通技能
- 自我肯定
- 有效的团体中一员
- 处理冲突
- 影响技巧

建立信念
- 每一个人都是独特、有价值和值得尊重的
- 每人均须为自己所遭遇的负责
- 任何困苦厄难之下都是成长的契机
- 压力和焦虑均可管理
- 失败只是一种经验/某次考试，并不指一生，除非个人如此归因

掌握资讯
- 有关个人的信息：能力、潜质、兴趣、价值
- 别人如何看自己的信息：记录、评价、优点、弱项
- 有关别人的资料：能力、价值、对别人的期望和意愿
- 有关身处的环境：工作、休闲的机会、生产品、政治制度、文化传统、历史风俗……（广义及狭义的）

综合这些技能和信息，使之有效地成为

人生角色　学习者　工作者　朋友　家长　消费者　休闲生活者　良好公民

工作和休闲

- 生活规划　　设定目标
- 时间管理　　制订行动计划
- 财务管理
- 企业精神
- 选择及享受悠闲
- 选择及保持工作

发展自我与他人

- 正向自我　　　积极向上
- 创意解难　　　处理负面情绪
- 下决定　　　　发掘兴趣及建立良好爱好
- 压力管理　　　情感及灵性修养
- 对改变的适应　协助他人
- 维持身体健康　良好公民、政治意识

- 任何行为都要付出代价，但有正面作用，也有反面作用
- 价值、优次及兴趣会随成长而改变，而且是正常的
- 一个被赋权的人，他不但能成功，且能以此助人

看完这张表，聪明的程诺很快领悟了：要顺利完成表中的那些身份角色的转换，就需要学习和掌握表中所列的那些技能，也就是 Life Skills，生活技能。程诺对钟慎之所列的那些身份名称感到陌生，但对她强调的学习完这个课程，就能知道自己想要什么这一点很是好奇。

下面是生活技能课所涵盖的内容范围。

它们包括：

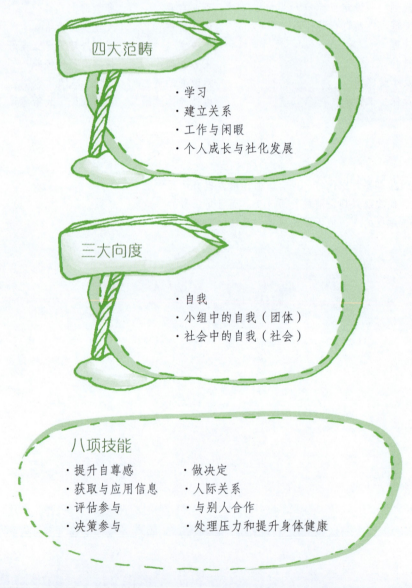

四大范畴
- 学习
- 建立关系
- 工作与闲暇
- 个人成长与社化发展

三大向度
- 自我
- 小组中的自我（团体）
- 社会中的自我（社会）

八项技能
- 提升自尊感
- 获取与应用信息
- 评估参与
- 决策参与
- 做决定
- 人际关系
- 与别人合作
- 处理压力和提升身体健康

Life Skills 生活技能

三阶段的 Life Skills 生活技能学习

钟慎之简单介绍了一下接下来的一段时间程诺将具体学些什么。简单来说，程诺要上的生活技能课会分为三阶段：基础课、提升课与梦想课。

阶段一	基础课	（1）学习方法；（2）提升自尊；（3）自我减压
阶段二	提升课	（4）与人合作；（5）有效沟通；（6）正确做决定
阶段三	梦想课	（7）时间管理；（8）确立目标

看来，这些的确都是不同于课堂内、书本上的内容。程诺觉得很新奇，他真的想看看，将要上的这些课是不是真的能告诉他那些未知的答案。

课前准备

"今天这堂课只是开卷语，下周开始，我们正式分享生活技能课的具体内容。今天先安排一份课前准备功课给你。"钟慎之拿出几张纸递给程诺，"这里有一份问卷测验，回家后，请你务必认真地完成这份问卷，尽量以第一反应迅速回答。"她眨眨眼，"下次上课的时候带过来，我再告诉你答案。"

程诺展开问卷：

请看下面的问卷，并请你找一个安静的角落，花不超过20分钟，坦白、认真地回答各项问题。

不用担心，这不用呈交给老师，也不用打分数，更没有好坏、是非、对错等，它只是一个工具，准确地说，它并没有标准答案。你的标准答案，就在你心里。

准备好了吗？

1.请仔细阅读问卷内各项情况／情境，然后在答案栏相应的位置打"√"。

2.答"否"者，请继续回答下一题。

3.答"能"者，请填写右栏。

个人问卷测验

	情况/情境描述	处理		处理程度			
		否	能	仅可(1)	普通(2)	良好(3)	优异(4)
1	面对学习上的难题						
2	考试成绩不如想象般好						
3	做重要的决定						
4	遇到问题时不知如何解决						
5	特别想学好某一门功课						
6	被别人言行所伤						
7	自我感觉差,老觉得不如别人						
8	所做的事情交由别人决定						
9	自己没有足够的时间做事						
10	对发生在自己身上的事没有选择权						
11	面对转变						
12	到陌生的地方见陌生人						
13	掌控自己的身体健康						
14	欠缺所需资料						
15	喜欢上一位异性,想进一步了解对方						

（续上表）

	情况/情境描述	处理		处理程度			
		否	能	仅可(1)	普通(2)	良好(3)	优异(4)
16	常缅怀过去和忧虑未来						
17	对生命重大事情不肯定						
18	不清楚自己想获得什么						
19	不知道该怎样做以获得想要的						
20	希望得到别人的帮助						
21	希望对别人提供协助						
22	对阅读写作感到困难						
23	应付涉及数字的工作						
24	不想继续与别人交往						
25	信守承诺						
26	表达对别人行为感到愤怒的感觉						
27	父母要求你做一些你不愿意做的事						
28	留心聆听别人的说话						
29	接受其他人不同的想法						
30	使用电子计算器						

（续上表）

	情况/情境描述	处理		处理程度			
		否	能	仅可(1)	普通(2)	良好(3)	优异(4)
31	使用网上服务						
32	拥有自己的空间						
33	能照顾自己的生活						
34	运用空余的时间						
35	发现购买了不需要的物品						
36	对货品的价格和质量混淆不清						
37	想改变父母对你所做的决策						
38	想改变你的居住环境						
39	说服别人去做你要做的事						
40	在团体讨论中对别人缺乏影响						
41	要告诉别人你欣赏他们所做的好事						
42	不确定每次考试能否拿高分						
43	考试失败						
44	知道作为学生是学校和社会的一份子						
45	对自己所持理据不太肯定						

（续上表）

	情况/情境描述	处理		处理程度			
		否	能	仅可(1)	普通(2)	良好(3)	优异(4)
46	参加志愿者及其公益活动						
47	制订长远的学习计划						
48	追上日新月异的知识及技巧						
49	面对亚健康（不是病但常精力不足）问题						
50	总是堆积着做不完的作业						
51	别的同学和师长常将我和他人比较						
52	我感到自己有能力，别人也喜欢我						
53	合理分配休息和学习的时间						
54	接受本身的性别						
55	别人对我的性别有歧视						
56	面对性的困扰						
57	父母对自己期望过高						
58	面对个人自由和家庭规范的冲突						
59	增进个人与家人的了解						
60	向家人提出个人的见解或建议						
61	设定个人在家庭中的角色						

问卷填完了吗？请再从下表所列的8个方面评价一下你自己的能力。（仍用"√"号）

		（1）极为不足	（2）不足	（3）略为不足	（4）略为足够	（5）足够	（6）极为足够
1	提升自尊感						
2	获取与应用信息						
3	评估参与						
4	决策技巧						
5	做判断						
6	人际沟通						
7	与他人合作						
8	争取利益						

你觉得迷惑，不知自己的回答是否正确，这是正常的。当你上完这8堂课，就会得到你想要的答案。

你想在迷惘中

度过你人生关键十年？

Life Skills 生活技能之基础课

每个人的11岁至21岁是黄金时代,这是为未来打好基础的关键十年。Life Skills 正是青少年黄金时代的成长中不可或缺的生活技能。一切,从基础课开始!

第一课　学习是怎样达成的
第二课　你是谁
第三课　120分钟自我减压法

第一课　学习是怎样达成的

学习好，学习习惯未必好；学习风格无优劣之分，只有类型之别。学习到底是怎样达成的？是由学习习惯与学习风格达成的！

第一章　你的将来会是什么样子

自从前一个周末在钟慎之家上了一堂开卷语之后，程诺又是新奇，又是疑惑，更多的是迷惘。

那天回家，吃完晚饭，程诺连平时爱看的卡通片也不看了，钻进房间里，拧开台灯，开始在灯下做起了问卷。

做完之后，他更加迷惑，自己这些似是而非的回答，到底是否正确？如何知道自己做得对不对？

随后，他打开电脑，想像往常一样痛痛快快地打几轮游戏，忽然想起了钟慎之的话："你觉得，你这样忙于打游戏和看电视，将来也可以继续这样优哉游哉地过下去吗？"

程诺变得对游戏兴味索然，决定关机睡觉。

躺在床上，钟慎之的话又跃入大脑中："你的将来会是什么样子？"程诺反复回忆那天的对话，还有自己的疑问：我到底想要什么？我对什么有兴趣？游戏、电视和零食，是不是可以伴我一生？如果不能，将来我会是怎样的？

之后的几天时间里，程诺都时不时咀嚼这些内容，相比较平素喜欢的打游戏和看电视，他觉得思考这些问题更有挑战，也就慢慢地开始期待下一堂课的到来。

又到了周末。开始上课之前，程诺先把自己所做的问卷交给了钟慎之。

钟慎之仔细看过了问卷，点点头，说程诺做得不错。

"钟老师，我做的答案对不对？可以打多少分？"程诺期待地问。

谁料想，钟慎之的答案却让程诺大吃一惊。

"上周我对你说过，这堂课会告诉你这份问卷的答案。而正确的答案就是：没有答案！"

程诺又是一头雾水。"可是，钟老师，是考卷就有答案啊！你刚才不是说我做得不错吗？"

"你的问题问得很好。为什么这份问卷没有答案呢？因为它的意义在于让你自己搞清楚自己的情况，对自己有一个比较清晰的认识，比如，这部分。"

		（1）极为不足	（2）不足	（3）略为不足	（4）略为足够	（5）足够	（6）极为足够
1	提升自尊感			√			
2	获取与应用信息		√				
3	评估参与		√				
4	决策技巧		√				
5	做判断	√					
6	人际沟通	√?					
7	与他人合作	√?					
8	争取利益	√?					

"这是目前你对自己的一个评估结果。然后，在此基础上，来上这门生活技能课。到你上完所有课程之后，这份问卷就有用了。"

钟慎之把问卷放入一个盒子里面："现在，你的问卷先寄存在钟老师这里。等你上完所有课之后，记得找我要回来。"

程诺虽然满腹问号，但也暂且按捺了下来。

第二章　钟老师的第一个锦囊

"从今天开始,我们就要开始学习生活技能的第一阶段——基础课了。在上课之前,我想问你,准备好了吗?"

程诺挠挠头:"钟老师,要做什么准备?文具、笔记本都有啊!"

钟慎之笑了:"对,这些是上课的基本用具。不过,在咱们的生活技能课上,我们更需要的,是带上一个肯思考的大脑。还有,钟老师的锦囊。"

咦?锦囊?是武侠小说里面的武功秘籍吗?

正胡思乱想间,钟慎之递给程诺两个白色的小信封。信封上分别写着"1"、"2"。

"现在,请你打开信封1。"

锦囊 1　反思日记 / 档案

生活技能对个人成长的重要性,我们已经在前文中介绍过了,但生活技能的掌握与否除了实践外(现在还不是实践的时候),还有一项很重要的学习活动,就是反思能力及技巧的掌握,这里提供一些小练习及工具,以协助各位培养个人的反思技巧。

你也许会问,反思日记 / 档案要求多久记录一次?这要看你自己了,我建议至少每堂课上完之后,或者在生活中遇到了特别的事情之后,你就能把自己反思的内容记录下来。

这个自学工具和撰写技巧对你而言可能有点陌生,但不要紧,依照下面的步骤和指示来做并持之以恒,很快就能熟能生巧,并且能体验其中的效果。

（一）反思的三个层面

进行反思并不只是思（空想），而是要思得有依据，我们可将每堂课所学的内容通过三个层面进行反思：

1. 技术层面：每堂课的学习活动、数据源和背后理念。
2. 教育层面：我学到了什么和进一步可找哪些数据？
3. 批判层面：学习前和学习后，我有什么收获？

（二）反思过程中的三个重点

1. 我掌握到的新知识（事实的、硬件的）。
2. 我发展出的技能。
3. 我有的"自觉"或"自省"（"噢"、"原来如此"）。

（三）反思中常问的问题

1. 本堂课的重点是什么？
2. 对于该重点你掌握的程度如何？
3. 所学的内容对你的意义和价值如何？
4. 课堂中的技巧能应用到日常生活中吗？
5. 你能想到的可运用所学技巧的场景及可预见的困难有哪些？
6. 你有实践技巧的时间表吗？
7. 每一堂课上完之后，你觉得怎样？
8. 有什么必须记下的内容？

为了有系统地记录你的改变，建议你将反思的文字建成活页（方便增加，添入新的数据和启示）档案加以保存。相信我，它们一定会有用武之地的。

第三章　你的学习习惯值多少分

"好了,接下来,我们开始正式上课吧,今天的题目是:学习是怎样达成的?你看到一定会质疑:我都学习多少年了,还要说学习是怎样达成的?我一年一年地读书考试,学习就是我每天都在干的事儿啊!我还不懂学习吗?"

程诺深有同感地点点头。

"对!你的确学习了许多,也在不断学习,但你真正了解学习是怎样达成的吗?你充分掌握你个人的学习习惯,了解自己的学习风格,并且明了其中的优劣和对你的学习成果的影响吗?你满意现在的学习成果吗?你的学习方式能更上一层楼吗?是什么妨碍或可协助你再攀学习的高峰呢?"

这一连串的问题,问得程诺愣住了,好像这些问题一下子还真的不知道要怎么回答。

"很难回答吧?没关系。今天这堂课,就为你打开真正的'学习之门',让你更好地掌握'学习'这门技能,让你以后能学得更好。"

学习习惯的自我研究和分析

目标:了解学习所需技巧,评估目前个人所用方法。

课堂活动一　　学习习惯调查测试。

方式:请用坦诚的态度回答以下所有问题,用"√"在合适的栏上记下个人习惯。

学习的习惯		经常	有时	极少
	动 机			
1	你知道学习某一科学习的原因吗?			
2	你知道参与某一些考试的原因吗?			
3	在学习时,你会找机会奖赏自己吗?			
*4	你会长时间学习而不稍微休息吗?			
*5	在学习时,你会想别的东西吗?			
*6	在学习时,你会受别的东西吸引吗?			
*7	你担心不及格或得不到好成绩吗?			
8	你会学一些你并不喜欢但认为很有必要的东西吗?			
	组织及安排			
9	你会为一周的学习订立时间表吗?			
10	你会为考试订定复习时间表吗?			
*11	当你开始学习时,你会发现没有必要的书籍、工具、材料吗?			
12	你会按时完成功课吗?			
13	你会找一个没有干扰的地方学习吗?			
14	学习过后,你有时间进行一些你渴望做的事情吗?			
15	面对几门不同的功课,你会把它们按重要性来排列吗?			
16	你会为一系列的学习编订一张清单吗?			
17	你会按题目把材料存档或编制目录卡吗?			
18	你会在交功课前把它们重新检查一遍吗?			
	记忆力			
*19	你在记忆名称或日期方面感到困难吗?			
20	花了20~40分钟尝试记忆一些事物,你会休息片刻吗?			
21	休息过后,你会测试一下自己刚刚记忆的东西吗?			
22	在第二天及一段时间后,你会测试自己那些应考的知识吗?			

（续上表）

	学习的习惯	经常	有时	极少
23	你会运用一些游戏或技巧来加强记忆吗？			
24	你会首先尝试理解要记忆的东西吗？			
25	你能够轻松理解图像或统计资料吗？			
	运用资源及人才			
26	你会把功课跟朋友、同学分享吗？			
27	你会向老师寻求帮助吗？			
28	你会利用学校或公共图书馆吗？			
29	你会保存一些日后可能用得上的剪报（或者杂志）吗？			
30	你会观看一些对学习有帮助的电视节目吗？			
	聆听力			
31	在上课前，你会阅读一下有关的内容吗？			
32	在听课时，你会构想一下老师将会在下一步讲解什么吗？			
33	在听课时，你会掌握老师讲授的重点吗？			
34	你会在上课时提问或积极参与教学活动吗？			
35	你会在上课时把老师讲授的要点做笔记吗？			
	处理忧虑及个人问题			
*36	你会因为面对考试而感到不适或生病吗？			
*37	你会情绪低落吗？			
38	你能够阻止自己感到沮丧吗？			
39	你会把困难或问题向别人倾诉吗？			
*40	你是否感到学习任务把你压得喘不过气来？			
41	当你打算开始学习时，你会拒绝朋友的邀请吗？			
42	在学习进度落后时，你会为赶上而重新编订时间表吗？			

（续上表）

	学习的习惯	经常	有时	极少
43	你会通过运动来保持身体的最佳状态吗？			
	抄录笔记			
44	你会留意重点吗？			
45	你会在不明白的时候向老师提问吗？			
46	你会定期把笔记整理或存档吗？			
47	你会按照重点、标题或编序把笔记重新整理吗？			
48	你会运用速记的技巧吗？			
49	你会在重点处做记号吗？			
*50	你会记录老师讲授的一切内容吗？			
	书写文章			
51	你会在书写文章前弄清楚题目的要求吗？			
52	你会因题目的要求运用参考书或与别人讨论吗？			
53	你会编制文章的大纲吗？			
54	别人能够看懂你书写的文字吗？			
*55	你的文章中有没有错别字？			
*56	老师批评过你的语法或句子吗？			
57	你有没有在文章的开始部分写上"前言"（或"导言"）？			
58	你的文章有没有"总结"部分？			
59	在交文章之前，你会重读一遍吗？			
60	在写文章的时候，你会经常检视题目的要求吗？			
	有效地阅读			
61	在阅读某一本书之前，你会考虑该书是否重要吗？			
*62	你认为必须把课本由头至尾地阅读吗？			
63	你会在阅读一本书之前把它浏览一遍吗？			

（续上表）

	学习的习惯	经常	有时	极少
64	你会先把目录读一遍吗？			
65	在阅读前，你会寻找书本的概要吗？			
*66	你会在阅读的时候把文字念出来吗？			
*67	你会用指头或笔杆协助阅读吗？			
68	你会在阅读的时候做笔记吗？			
	考试及考前准备			
69	你会在考试前数月开始做准备或制订计划吗？			
70	你会编制复习时间表吗？			
71	你会把笔记重做一遍吗？			
72	你会在考试前练习把名称或列表记忆吗？			
73	你会在学习期间定时休息吗？			
74	你会进行考试的模拟答题练习吗？			
75	你会尝试在考试前明确老师的答题要求吗？			
76	你会在考试前询问有关题目的形式和分布吗？			
77	你会在答题前仔细地阅读整份试卷吗？			
	专题设计			
78	你对专题设计的内容和形式的取舍感到容易吗？			
79	你会为你的专题设计制订时间表吗？			
80	你会找别人协助你的专题设计吗？			
81	你会运用崭新（或原创）的方法来表达你的专题设计吗？			

计分方法和评分标准：

没加"*"的题目：经常——10分，有时——5分，极少——0分。

加"*"的题目：经常——0分，有时——5分，极少——10分。

学习要素	没有问题	需做改善	有问题
动　机	50～80分	35～45分	30分或以下
组织及安排	70～100分	45～65分	40分或以下
记忆力	50～70分	30～45分	25分或以下
运用资源及人才	35～50分	30分或以下	
聆听力	35～50分	30分或以下	
处理忧虑及个人问题	60～80分	40～55分	35分或以下
抄录笔记	55～70分	35～50分	30分或以下
书写文章	70～100分	40～65分	35分或以下
有效地阅读	60～80分	40～55分	35分或以下
考试及考前准备	70～90分	40～65分	35分或以下
专题设计	20～40分	15分或以下	

程诺做完问卷，钟慎之按照评分标准给他打了分。

结果让程诺大吃一惊：

学习要素	得分	结果分析
动机	45	需做改善
组织及安排	15	有问题
记忆力	10	有问题
运用资源及人才	10	需做改善
聆听力	40	没问题
处理忧虑及个人问题	25	有问题
抄录笔记	5	有问题
书写文章	35	有问题
有效地阅读	50	需做改善
考试及考前准备	10	有问题
专题设计	5	需做改善

天哪！除了"聆听力"没有问题，其他方面都是有问题或者需做改善！这怎么可能呢？

比如说，"记忆力"这方面，程诺自以为记忆力一直是很好的，怎么会属于有问题的一类？还有，他承认自己不爱写笔记，但是写文章方面他觉得不该有问题啊。

这份薄薄的问卷让程诺惊呆了：难道自己学习习惯这么糟糕？难道这就是自己成绩下滑的原因？

"看来结果不尽如人意啊！"钟慎之分析，不好的学习习惯将阻碍他努力学习，对他将来的升学或者就业都将会产生影响。

看来，程诺所需要的，的确不是夜以继日地努力学习，而是先改变个人的习惯。所谓"工欲善其事，必先利其器"，习惯改好了，有了新的优良的学习方式，再花时间实践养成，假以时日，学习成果自然就会显现。

"当然，改变是不容易的，除了个人要下定决心之外，我们还需要邀请身边的家长、老师、同学加以提醒。钟老师给你几条改变学习习惯的秘诀，应该会对你有帮助。"

秘诀1	学习动机的改善	明白目标的重要性
		懂得奖励自己
		掌握学习心理学
		建立个人学习风格（后面的课上将详细介绍）
秘诀2	记忆力的改善	吃好、睡好、休息好
		工作中途要有间歇停顿（5～10分钟已很好）
		依工作→测验→小休的程序进行学习
		更新及重整笔记
秘诀3	运用资源和人才	不怕向师友请教
		广交不同学习领域的人
		多上图书馆（互联网可用，但这是碎片式的阅读，最翔实的真知仍在书本中）
		互相回馈

秘诀4	处理忧虑及个人问题	减压技巧（后面的课上会详细介绍）
		自我肯定（后面的课上会详细介绍）
		分清人我（连家庭在内）的问题，不使影响学习
秘诀5	有效阅读	明白阅读目的
		应用不同阅读技巧（速读、精读、略读、跳读……）
		浏览及搜寻关键词、关键句
		做笔记、做标志
秘诀6	考试及考前准备	解压
		复习技巧（制订时间表，温习重点，不同学科交互运用时间，重整重点、大纲、撮要……）
		了解考试试题及要求（题目数量、题目类型、必答/选答、分数分配、答题须知……）
		参考以往试题库
秘诀7	专题习作	选定范围
		筛选及定题目
		收窄定义
		搜集资料
		组织报告
		选择汇报形式
		制订时间表（有充裕时间并准备随时修订）

"另外，还有聆听力的改善、组织及安排、抄录笔记、写文章……这些，也将在后面的学习中慢慢介绍。这里就先不说那么多了，我们慢慢消化。"

第四章　四大学习风格揭晓

程诺看着这七大秘诀，只觉得千头万绪，不知从何开始做起。

钟慎之看出了他的焦虑，鼓励他说："我知道，知易行难，何况你本就是个优秀、聪明的孩子。那么，你要怎么去改变你的学习习惯，让它们能够帮助你学得更好，让你得到意想不到的收获呢？"

除了这七大秘诀之外，钟老师还建议，改变不是一朝一夕的，除了要付出时间之外，还要弄清楚自己是什么学习风格。

我们每个人都有自己的个性，所谓个性，是指个人性格、品赋、天分，很大部分和程度是有先天的倾向的。学习也一样，也有自己的"个性"，也就是每个人的学习风格。不同的学习风格都有其优点和缺点，不存在完美无缺的风格，所以也无所谓孰优孰劣。

总的来说，我们如果能清楚自己是哪一种学习风格的人，那就是知己；同时也不妨多观察身边的同学和老师，做到知彼。如此，在学习的路上既能知己，又能知彼，自然无往而不利。何况在比较不同学习风格优缺点的过程中，你也可尽量发挥一己之长，扬弃（最少是减少运用）一己之短，那学习就能事半功倍了！

学习风格揭晓

目标：掌握自己的学习风格；针对所属的风格之优缺点进行优化，取长补短。

 **学习风格调查表**

方式：以最快的时间直接回答所有问题，用"√"表示认同的语句。

完成后，将四类学习风格所属的题号分别标示，将答案栏括号内的数字加起来便是得分。

得总分最高的一型，便是个人学习风格（有些人可能兼具多于一型的风格，那也是正常的）。

	学习风格	通常(3)	有时(2)	很少(1)	没有(0)
1	无论是否喜欢某一学科，我都会认真地学习它				
2	我喜欢研究事件的前因后果及事态的进展				
3	我喜欢凡事都有计划及时间表				
4	我会设计复习时间表，然后按照它进行复习				
5	在交出考试试卷及作业前，我都会再三地细阅它				
6	想办法解决难题及提出疑问，都是我所喜欢的				
7	我情愿聆听别人发言而自己不出声				
8	自己一个人学习的话，我得益最多				
9	我对细节十分留意				
10	我喜欢在一段时间只进行一件事				
11	我会不断修改作业，直到全部正确为止				

（续上表）

	学习风格	通常(3)	有时(2)	很少(1)	没有(0)
12	参阅资料后才得出结论的学习方法，能予我最好的学习效果				
13	我会忘记把做功课所需的书籍及笔记带回家				
14	我喜欢幻想及胡思乱想				
15	我喜欢提出疑问及评论事情				
16	考试时，我会花很多时间思考试题而不动手作答				
17	有时我会花太多时间想着如何进行这件事，而不是着手去干				
18	我喜欢寻求创新的方法出示自己的功课				
19	所有问题最好自行解决				
20	我所选的课程相互间都是有联系的				
21	我情愿思考及讲述有关学科的事情，也不愿写文章及做功课				
22	在决定选择哪些题目作答前，我都会细阅所有的考试题目				
23	我会先制定大纲再写文章				
24	由于能持之以恒地学习，我不但能完成学习任务，而且还有剩余时间来做其他事情				
25	我喜欢与别人交流意见				
26	我做事充满魄力				
27	考试前，我会先查清楚试卷结构，例如有没有必答题、每题的分数是多少等				
28	我学习时不喜欢按照任何时间表或计划来进行				
29	我喜欢画富有创意及漂亮的图画、图标及地图				

学习风格类型分析表

风格类型	代表题号	总分数
（一）逻辑型（logical）	1～12、15、19、22	（ ）
（二）幻想型（imaginative）	13、14、16～18、20、21、25、26、28～30、32～34	（ ）
（三）踏实型（practical）	23、24、27、31、35～45	（ ）
（四）热诚型（enthusiastic）	46～60	（ ）

做完调查表，程诺发现自己原来属于"幻想型"。

"钟老师，'幻想型'是什么意思？说明我有怎样的学习风格呢？"

"别急！我现在还不能回答你的问题，需要你动脑筋的时候到了。学习不只是看，而是需要眼到、口到、心到、手到。下面这个表，请你试着填写一下。"

请尝试归纳出你所属类型的特征，填写在下面空白处即可。

类型名称	特　质
*只选总分最高的一个	1. 2. 3. 4. . . .

程诺拿起笔，冥思苦想，也不知道怎么填写。最后，他交给钟慎之的结果是这样的：

类型名称	特 质
幻想型	1. 喜欢胡思乱想 2. 考试时我会迅速作答 3. 喜欢自己创造答案 4. 不喜欢计划

钟慎之看完点点头，"好了，这是你对自己的归纳。现在，让我来回答你刚才的问题：学习风格的几大类型到底是怎么一回事？它们各有什么优缺点？"

四大学习风格类型优缺点：

（一）逻辑型

优 点	缺 点
组织事实，数据详细、有条理	需要很长的时间准备和阅读数据
观点间有联系	少接受师长朋友的意见
充分了解所学知识	不大愿意接受新方法
喜欢细致地研究问题	常为理论所困
擅长用文字表达正在进行的工作	只信服逻辑，不信任他人的感觉
在极少师友的协助下完成学习	坚持已有的风格，少创意
具体可行	常为问题自困（俗称"钻牛角尖"）
考试前或下笔前有充分的准备	过分小心，缺乏冒险精神
订定清晰的目标，依主次循序地学习	小组习作或集体讨论时少发挥
更新和重写笔记、习作	
卓越的征引技巧，注释详备	

（逻辑型会问：这是什么？）

（二）幻想型

优 点	缺 点
能找出办事情的新观点和方法	见林不见树，忽略细节
有创意地解决问题	起动慢，投入迟
不只看眼前的问题，能放眼远处	组织能力较弱
看事物比较全面	不依时间表行事
不急于开展工作，不易陷入盲动	少修订或完善计划，见机行事
愿意聆听别人的观点	经常丢三落四，遗失重要的数据和书本
懂得融会各科知识	常因为身边别的事情而分神
用富艺术味的方式（小说、诗）汇报	从来不整理笔记或做记录
发掘其他可行的方法	随意改变，易受他人影响
常能问出好问题或提出新观点	缺少坚持下去的意志力

（幻想型会问：这像什么？）

（三）踏实型

优 点	缺 点
喜欢独立工作	对不同的观点不感兴趣
擅长确定目标和制订计划	只用自己认可的方法去做事
知道如何寻找有用的数据	不用或极少用师友提供的资源
能将理论付诸现实	见木不见树，常被细节拖住
准时完成工作	少想象力，乏新意
有详细的时间表和应变方案	较难和别人合作
时间分配合理，能兼顾生活各方面	重视完成任务，少探寻或思考
仔细阅读，充分了解习作或考试要求	对汇报的表达方式不重视
资料搜集周全	学习只是达成目的的手段
笔记档案齐全	

（踏实型会问：这可以吗？行吗？）

(四) 热诚型

优　点	缺　点
只要有兴趣,便能百分百投入	事前少准备及计划
能与人共事、共商并乐意求教	一头扎进去,不讲究策略
灵感带动,挥洒自如	忽略不懂的,跳过麻烦的,只做喜欢的
肯尝新(包括方法、科技、意念)	过程中及完成时都不做复查
愿意冒险	时间掌握不好,同一时间做一大堆事
快速投入并能以热情感染他人	没有制订计划的习惯,事情往往留到最后才做
多变,活力充沛	对同组学习、工作的人有较高的要求
不介意被视为"傻子"(不够聪明)	附件、注释等欠奉
愿意试验不同的方法,不计成效	

(热诚型会问:何时开始做?)

 不同的行为做多了,也就成了习惯

"现在,对照这个表,你看看,这些归纳总结是不是符合自己的情况?比如,'幻想型'所列的,是你吗?能代表你吗?这些问题,你可以在课后慢慢去思考。我想补充的是,你个人的习惯和风格正是你学习成功、顺利或挫折连连的关键。正如罗马不是一天建成的一样,习惯和风格也不是一夜形成的,它们是你生活的一部分。你先要了解它,接受它,然后因应其影响加以改善和优化。

"俗话说,'性格决定命运',这是有道理的,心理学上常这样分析:人先有一个意念或动机,然后便采取行动(行为),不同的行为做多了,也就成了习惯。习惯养成后,便是我们个性(性格)的一部分,性格更进一步支配我们为人处世的风格。想想看,如此发展,性格势必构成每一个人的命运。如果你这样去解释命运,那就不是迷信,而是在追寻一种因果关系了。

"因此,如果要问学习是怎样达成的,那便是由学习习惯和学习风格达成的!"

第五章　钟老师的第二个锦囊

"在今天这堂课结束之前,请你拆开钟老师在上课之前交给你的第二个锦囊吧!"

程诺这才想起来,刚才还有信封2没有打开,原来钟老师是让他留到这个时候才拆开。

锦囊2　行动计划从这里开始

除了反思技巧及反思档案,当你学习和掌握了一些知识和技巧后,你还要做的就是实践!实践出真知,只有经过实践,你才知道行不行、合不合适,最重要的是,你要不要将新知识、技巧收纳为自己的一部分。

要测验这些,只有一个方法:行动起来!行动之前,则需好好计划。

行动计划的编写步骤(你也可以按照自己想要的步骤来计划编写):

1. 清晰、明确、具体且可评估(具量度)的目标。

太多行动计划未能成功往往是因为目标定得不好,"一子错满盘皆落索",第一步必须走对!

2. 从"现在"开始。

人要活在当下,高远的目标固然很好,但往往是可望而不可即的,并且易流为空谈,别奢望一下子要改变所有,小心掉入泥沼。

3. 用详细的描述展现达成目标的每一个步骤。例如,"我要改善和妈妈的关系"还不够,而如果说"我会在每天早上向妈妈问好,和她一起吃完早餐才出门上学",那就具体、明确、详尽并且可以评估是否能达到。

4. 步骤要符合逻辑，让不认识你的人也能知道你的行动和目标。

5. 注意每一步骤可能牵涉另一（更前置）的步骤。如你要早上向妈妈问好，你得先调校闹钟；要和她一起吃早餐也得有食物等。

6. 定下检视行动计划的时间表。

7. 将计划写在日历中以提示自己。

8. 向别人透露你的计划（如合适），有助坚持。

9. 计划可改变（如需要），但不宜随便放弃和改变目标。

10. 完成计划后，别忘了给自己一点小奖励哦。

程诺想起每天早晨妈妈都是一大早起床，做好早餐后才叫他起床。而他吃完早餐就上学去了。他决定，从明天早上开始，起床要和妈妈说早安。嗯，就从明天开始！

钟慎之给程诺布置的课后作业，就是练习两个锦囊中的技巧——反思日记和行动计划，下一堂课时再把作业带过来。

第二课　你是谁

你真的知道自己是谁吗？你的自我观和自尊感如何？你想掌握提升自尊感七部曲吗？

课后实践一：学习习惯与学习风格

 后排的世界

程诺所在的班级是德训中学初二年级中成绩较差的一班。班主任古老师是一位刻板的中年女性，教语文课。在程诺的记忆中，古老师从来没有笑过，戴着一副深度近视眼镜，每天都穿着一套笔挺的深色西装套裙，走路也是一丝不苟，简直就像军训的步子！程诺和很多同学一样，每次看到古老师出现在视野内，哪怕还在100米以外的地方，便已经感觉到低气压临近，有一种压迫感。

古老师喜欢成绩好的学生。尤其是那些既勤奋成绩又好的学生，比如李娟，考试成绩长期在班级前四名，是本班的学习委员；又比如张伟，长得老成持重，说话也是老气横秋的，成绩虽然不是很拔尖，但十分稳定，长期在班级排名前十，古老师任命他为班长，所以班上同学笑他是"老班长"。

古老师对程诺的"感情"很复杂，简直一言难尽。当然程诺是带着光环来到这个班的。当年小学升初中时，程诺以所在小学全校第一名的成绩考入了德训中学初中部，被分到现在这个班级时，他的分数是全班第一。因此，古老师一开始还是很期待程诺再创"奇迹"的。

然而，程诺入校后确实是创造了"奇迹"，但这个"奇迹"令古老师大跌眼镜：初一第一次统考，程诺居然有一科挂科，导致总分跌到全班第20多名！

程诺挂掉的那一科是地理课。他也没想到，自己会"混"到这个地步。地理实在还算是一门有趣味的课程，虽然教地理的美女老师上课也实在沉闷。

古老师为此对程诺很失望。班上的座位基本上是按照成绩好坏来编排的，成绩好的坐在靠前的位置，最后几排就是差生、顽劣生的领域了。程诺被古老师从前面第二排调到了倒数第一排，同桌是成绩老在班级垫底的宋天。

程诺并不在乎坐在哪里上课，因为他的视力非常好，即使坐在倒数第一排，看黑板也完全没有压力。而且宋天上课时不是睡觉就是走神，话也不多，因此倒也互不干扰。之前坐在前面时，同桌是家境优越、长得也很漂亮的女生陶桃，程诺很不喜欢她身上那股子瞧不起人的劲儿，现在跟宋天做同桌，反倒觉得清净自在。

现在回想起来，从小学升上初中后，功课一下子多了好几门，但程诺还是用小学时的学习方法，就只是课堂听听课，课后写写作业，而从不看书。按照钟慎之的说法，程诺的学习习惯其实不算好，这也就难怪他的地理会挂科。

 "老班长"的笔记本

这一天和往常的每一天一样平淡无奇。

不过，自从钟慎之让他写反思日记和行动计划后，程诺开始对身边的人多了一些观察。他知道了自己的学习风格是幻想型，钟老师说，不同的人有不同的学习风格，程诺想知道，身边的这些同学，他们的学习习惯是如何的，属于哪些学习风格，在生活中又是怎么样的。

"丁零零……"上课铃声响了，大家鱼贯进入教室。这节是语文课。

古老师判断学生是否认真学习，除了分数，还要检查学生的课堂笔记本。她要求每一位学生为她的语文课准备一个笔记本，还会不定期要求学生上交笔记本给她检查。

这不，古老师又来了一次突击检查，让大家上交笔记本。

古老师没有急着把本子发给每个人，而是先发下一本笔记本，让每个人传阅。当这本笔记本传到程诺手上，他看到里面写得整齐划一，几乎把老师说的每个重点内容都详细地记了下来，还分门别类。不过在程诺看来，这本笔记写得详细有余，灵动不足，光把老师说的全部写下来，而缺乏自己的反思和联想，没有提炼出自己的思考和见解。之所以这本笔记看起来非常整齐，主要是字迹工整、非常干净，没有涂改的痕迹。

这是"老班长"张伟的笔记本。张伟的笔记已经多次受到古老师表扬。今天她让大家传阅之后，又再一次表扬了张伟，并说："大家好好反思一下，为什么张伟的笔记可以做得这么好，而你们其他人不行？这反映了你们的学习态度！不要小看这本笔记，考试的重点内容都在里面！"说完，把笔记本发到各人桌上，古老师开始上今天的课，同学们又埋头奋笔疾书起来……

 学习风格大检视

按照生活技能课的理论，张伟这样的学习习惯，能得 80 分？程诺琢磨着，虽然他不知道张伟平时的学习习惯如何，但是从他这本笔记本来看，张伟应该属于踏实型的学习风格吧，细致有余，想象不足，"知其然，不知其所以然"。

程诺一抬头，又看到李娟在认真听讲。虽然和李娟交流不多，但印象中的李娟很喜欢在课堂或者课后向老师提问题，回答问题时也是有理有据，而且她的笔记比较特别。程诺见过英文课背单词时，别人都是直接背书，她却掏出一叠纸片，上面写着英文单词，画着线条、符号、圆圈等，相信除了她自己之外，别人都看不懂。但是，就靠这些纸片、符号，李娟每次英文都考第一名。莫非这就是她学习的秘诀？那么，从学习风格来说，李娟应该是属于逻辑型吧。程诺想，她的学习习惯应该也不错，可以打 90 多分了吧？这么想着，他看李娟的眼神又多了些佩服。

下课了，大家又开始活跃起来。

程诺的同桌宋天又被叫出去打乒乓球了。宋天是另一个例子。上课时，别人认真听讲，奋笔疾书，他不是趴在桌上睡觉，就是望着窗外发呆，也不知道在想些什么；偶尔被老师提问，他也是结结巴巴，答不出来；笔记本摊在桌上，一节课下来，上面啥也没写。每天早自习时，别人都在读书，他就找同学借功课东抄西抄，上交了事。考试下来，他的成绩也是长期垫底，老师对着他当然没有好心情。

不过，宋天一下课就变了个人似的，活跃得不得了，跟人谈天说地，口若悬河，滔滔不绝，经常是一群同学聊天的中心人物。这么一个演讲家似的积极分子，怎么一上课就成了哑巴，考试时又变成了"白字先生"？程诺想，宋天这样的，应该属于热诚型吧。热诚型学习只凭兴趣，据程诺观察，宋天对学习没有兴趣，所以，他没有投入进去；而玩乐对于宋天来说是兴趣高涨的事情，所以他成了焦点。

第一章　你知道你自己是谁吗

 从反思中找到自己

"你分析的基本没错。"再次见到钟慎之时，程诺将自己对同学们学习风格的观察结果对钟慎之一一描述。钟慎之肯定了程诺的观察，不过，她补充道，"其实，这四大类学习风格，仅仅是基本归类。实际上，我们不能单纯地就把某个人归纳为逻辑型或踏实型，他们身上可能有好些特点，你说的是他们的主要特点。而且一定要认识到，这世上没有完美无缺的学习风格。每一类学习风格没有绝对的好或坏，而是各有各的优点和缺点，关键要看自己怎么去扬长避短。只要认识自己的优点和缺点，也就知道了最适合自己的学习风格，可以养成最适合自己的学习习惯。"

随后，程诺拿出自己的反思日记和行动计划，交给钟慎之，这是上周钟老师交代下来的课后作业。

钟慎之看完之后，笑而不语。程诺心里七上八下的，忍不住问："钟老师，我这样写，可对？"

钟慎之点点头："程诺，你做得很好。看来，你已经正式迈入生活技能课的门槛，并开始向目标进发。那么，钟老师考考你，通过这一周的反思，你想到些什么？领悟了些什么？"

程诺略有迟疑地说："通过观察和反思，我体会到，每个人都有自己的特点。以前我没留意过这些细节，通过这一周的观察和反思，我才发现，细节的不同的确会影响最后的结果。比如张伟、李娟和宋天，他们的学习风格不同，平时的学习习惯也不同，学习成绩或者说结果也是相差很远。"

"那么，你自己呢？"

程诺挠挠头，不好意思地说："钟老师，说实在的，以前我一直觉得学习是一件很容易的事情，没花过什么精力。上了初中，挂了科之后，我才认真地看了几遍书。现在我基本上都是上课听课，在放学之前就把功课做完了，回家也不复习。现在一对比，才知道自己还是很懒散的。"

"这就是你对自己所有的认识吗？你认为全面吗？你真的知道自己是谁吗？"

程诺愣了："我当然知道了，我是程诺啊！钟老师，您怎么了？"

钟慎之忍不住笑了："我当然知道你是程诺！我是想说，你对自己的了解是否足够全面？要解决自己的问题，先要对自己有足够的了解和认识。当被问这样的问题时，很多人都会有像你这样的反应：我当然知道我是谁！我不就是某某吗？对呀！还有呢？接着，这个人必然还可以列出一大串和自己相关的个人资料：籍贯、家庭背景、在哪里出生、在哪个学校上学、住在哪里、现在和哪些人在一起、正在做些什么……可以说出一大堆资料来支撑这个'我是某某'的答案。但是，你想过吗，以上这些真的就能代表你吗？还是说，这些只是你身上的'标签'，一旦拿掉这些'标签'，你还能知道和认识自己是谁吗？这个'你'是怎样形成的？什么可以代表这个'你'？为什么你不是你们班的张伟或者宋天？为什么你会是程诺？程诺又是怎样的？"

钟慎之看程诺被问呆了，心下了然，她递给程诺一张白纸和一支铅笔。"今天这一堂课，就叫作'你知道自己是谁吗'。我们来学习如何能够知道自己是谁，换而言之，就是如何真正了解自己。我们先来做个课堂活动。"

课堂活动一　　自画像

内容：请利用以下的空间，绘画一幅自我画像，不求技法，只求真正表达心中的意念，请在5分钟内完成。然后想象一下，你拿着此画像，向新相识的人介绍自己时会怎样说。

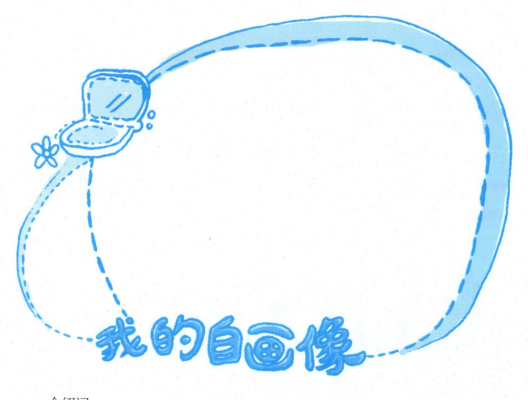

介绍词：_____

_____

_____

程诺想起看过的一部电影《第四张画》。这是一部悬疑推理片，影片讲述了一个小男孩通过三幅画，泄露出一个天大的秘密，而在影片的最后，他为了想要弄清楚自己到底是怎么样的人，于是闭上了眼睛，沉思一番后，又睁开眼睛，然后在白纸上画了一幅自画像。看来，钟慎之说的，就是这样一幅画。他像影片中的那个小男孩一样，完成了自己的自画像。

但是，当他想写下自己的介绍词时，却迟疑了。钟慎之刚才的一连串问题难住了他，他要怎么介绍自己呢？难道就像钟老师说的那样，姓名、籍贯、家庭背景、在哪里出生、在哪个学校上学、住在哪里、现在和哪些人在一起、正在做些什么……然而，按照钟老师说的，姓名、父母是谁、在哪儿上学等，都只不过是自己身上的"标签"。如果抛开这一切贴在自己身上的"标签"，他又该如何介绍自己呢？

钟慎之看出了程诺的疑问和困惑，拿出另一张纸。"其实，我们都习惯了靠这些'标签'来证明自己的存在，显示自己的意义。这正是人的一种惯性思考的结果，因为我们从小到大，都是靠这些'标签'而长大，活在这些'标签'的世界中。每个人如果要真正认识自己，都应该会有一个抛开'标签'，自我画像的过程。如果你不知道从哪儿开始介绍自己，这里有一个小'金矿'，可以让你进去挖掘一下你想要的答案。"

 **我的特征**

内容：如果你在介绍词内还欠一点什么，不妨接着在下表中把可以形容你的字眼或词语圈出来（不限数目），但请尽量保持客观和坦诚。

乐观的	有目标的	有说服力的	愉悦的	平衡的	活跃的	友善的
肯冒险的	热心的	精确的	有创造力的	公正的	专业的	动作快的
理智的	温柔的	有信心的	真实的	实际的	有吸引力的	优雅的
有主见的	迷人的	有用的	有责任感的	幽默的	有洞察力的	快乐的
有想象力的	独立的	敏感的	正经的	包容的	奉献的	聪明的
有良心的	善于社交的	诚恳的	稳定的	强壮的	不造作的	可靠的
有条理	有同情心的	有勇气的	有耐心的	与众不同的	有领导能力的	善解人意的
活泼的	肯合作的	果断的	有逻辑的	有教养的	有天赋的	

其他：(请自由填写) _____

_____

_____

程诺认真看完这个"金矿"中的"金子"，果然都闪闪发光，都是好的词语呢！以下是他挖出来的答案：乐观的、有想象力的、有良心的、热心的、有同情心的、肯合作的（这个不太肯定，所以打了问号）、有用的（应该是吧，我觉得自己怎么都不是个废物吧）、愉悦的、有创造力的（妈妈经常说我鬼点子多，那就算是有创造力吧）、真实的（我不爱撒谎）、有教养的（爸妈对我在教养方面要求很严格啊）、不造作的、有天赋的（妈妈说的）、聪明的（大家都这么说）……

接着，程诺又写下他认为自己没有把握的词：有主见的、有条理的、有目标的、独立的、善于社交的、有说服力的、有信心的、有勇气的、有责任感的、有逻辑的、与众不同的、有领导能力的、有吸引力的、有洞察力的……

写完一回顾，程诺不由得露出沮丧的神色：平日里爸妈和亲朋好友口中的聪明孩子，原来还有这么多不足?! 如果不这么去分析，还真是发现不了！

钟老师的歌声

这么一想,程诺的心情顿时变得沉重起来。钟慎之看出了程诺神色有异,故意问道:"咦,程诺,有心事啦?是不是今天的课内容太沉闷了?"

程诺也没什么心思,勉强摇摇头说:"没有啊,钟老师,只是……只是有点受打击,觉得自己好像很差劲似的……"

钟慎之理解地笑了笑,拍拍程诺的肩膀:"傻孩子,这不正是在帮你认清楚自己吗,你认识到自己的缺点了,那是好事啊!这正是咱们成功的开始。况且,咱们的活动还没做完呢!怎么就这么早下定论?"

"啊,还有啊?"

"当然了,不过你现在心情不太好哦,那我们先换一个比较轻松的话题吧。你平时喜不喜欢唱歌?有没有听过一首歌——《月亮代表我的心》?"

哎,好像听过,但……程诺试图从记忆中搜索出这首歌,记忆却一片模糊。

"钟老师,这歌怎么唱的?"

"嗯,意料之中。这是一首老歌了,现在很多孩子都不知道有这么一首歌。咳咳,钟老师好久没唱过歌了,也罢,今天献丑一次。"钟慎之把手中的纸卷成一个话筒的形状,假装清清嗓子,说,"今天,钟老师给程诺唱这首《月亮代表我的心》。"

程诺忍不住笑了,拼命鼓掌。

"你问我爱你有多深,我爱你有几分?你去看一看,你去听一听,月亮代表我的心……"

哇!没想到,钟老师的歌声如此动听,就像一阵清风,悠悠吹拂着程诺的身心;又像有一只温柔的手,在他心上轻轻地弹奏着……程诺听得陶醉了,连鼓掌都忘了。

"不过,"听完,程诺若有所思地问,"钟老师,为什么说月亮代表我的心,而不是其他东西?这其中有什么意义呢?"

"这个问题问得好!"钟老师高兴地说,"第三个活动,我们就来回答你的这个疑问。"

"月亮"代表我的心

有人说,"月亮代表我的心";有人又说,"苍天为凭";古诗中还写道,"山无陵,江水为竭,天地合,乃敢与君绝"……都是说一些事物可以代表这个人的心意。为什么他们会选择用这些事物来代表自己的心意?你呢?你希望用什么来代表自己的心?

请你思考一下什么东西最能代表"我自己"、"我的心"?选出一两项事件或任何东西,说明它怎样代表自己。

代表事物(1):_____

原因:_____

代表事物(2):_____

原因:_____

程诺的答案:

代表事物(1):鸟

原因:我喜欢自由自在,向往远方的生活。

"好,今天的课堂作业就是,继续反思日记。题目是:你认为鸟儿代表你,举出正面和反面的证据,然后论证这一命题。"

第二章　自我与自尊

"几个活动下来，我想你开始对本课程的目的有了一定的认识：就是要你更认识自己，更明白自己及更珍爱自己。对吧？现在，老师问你一个问题，什么叫自我？"

"自我，应该就是自己对自己的感觉吧？"

"那么，什么叫自尊？"

"嗯……自尊，就是对自己的尊重，让别人也尊重自己？"程诺尝试着解答。

"你的答案说到了边缘上，打了擦边球。"

 ### 自我观与自我概念

当人一天一天长大，日渐成长和累积了点滴的人生经验后，我们内在的对自己的看法就随之而形成，我们称之为"自我观"。这种自我观包括我们对自己林林总总的描述、看法和态度，形成了一个很基本的概念，即所谓的"自我概念"。每个人的自我观和自我概念，又决定了对自我的评价——"自尊感"。

 ### 自尊感

自尊感是每个人对自己的主观感觉，我们每天都不自觉地、不停地评估自己的价值和能力，得出的结论使我们产生对自己的一种感觉，这些感觉就是自尊感。

库伯史密斯（Stanley Coopersmith）在《自尊的起源》（*The Antecedents of Self-Esteem*）里说：我们所说的自尊是个人对自己所做的评价及一向维持的看法；是一种赞成或否定的态度。自尊指出个人对自己能力、特殊点、成就和价值的看法。简言之，自尊是个人对自身价值的判断，表现在个人对待自己的态度上。

威廉·詹姆斯（William James）是美国心理学之父，在他1890年出版的《心理学原则》(*Principles of Psychology*)一书中，可找到对自尊的最早定义：我们对自己的感受，端视自己想做什么，想成为什么。这取决于个人潜力和实际成就之间的比例。若以我们的抱负作为分母，以成就作为分子，那么可以得到以下的公式：

钟慎之在一张纸上写下：

"程诺，你怎么理解成就和抱负？"

"成就，就是干出了一番大事情？抱负，就是干自己想干的事情？"

钟慎之笑了："话糙理不糙。不过其实这两个命题没必要这么宏大，特别是对于像你这样的中学生而言。"

抱负，可以看成一个目标；而成就，就是这个目标实现了多少。举个例子，抱负，可以是我要完成今天老师安排的课后作业，我要理解清楚今天上课的内容；成就，可以是我完成了多少今天的作业，我背了多少单词，或者进一步说，我熟悉了多少篇课文，我看了几遍书。

所谓的自尊感，从中学生、从孩子们的角度来看，就是他想做或者说应该做的事情做了多少，以此获得的感觉。

程诺想起之前地理挂科时，自己也觉得有点自卑了，而当成绩上升到全班前三时，古老师看自己的眼神也不同了，自己也更有底气了。大概这就是自尊感提升了吧。

他把这种想法告诉了钟慎之。

"你分析得很到位。不过，程诺，我想告诉你的是，自尊感不仅仅是从分数或者考试结果得到提升而获得的。它包括的因素有很多。"

每个人的自尊感都包含五个范畴，即个人安全、自我独特性、和他人的联系、人生的方向、个人的能力和成就。青少年在这五个范畴的经验，就是评论自己价值和能力的基础，所得到的结果可以是正面的，也可以是负面的。正面较多的，自尊感较高；反之，负面较多的，自尊感则较低。所以，自尊感也就是综合的主观感觉。

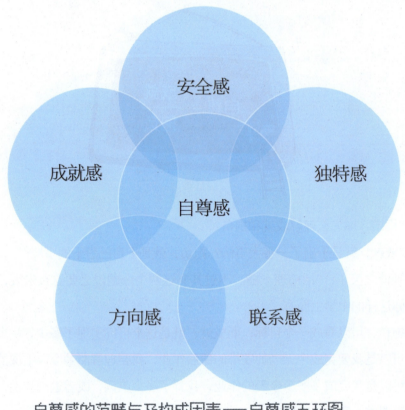

自尊感的范畴与及构成因素——自尊感五环图

主观感觉往往是思想和行为的动力来源，大大影响人们待人处事的态度、对事情发展的估计和对个人能力的判断。因此，每个人对自己的观感（自尊感）便成为其能否发挥潜能，达致自我体现的关键！

"正如你刚才所分析的，自尊感时高时低。它不是一成不变的感觉。其实，自尊感也是可以进行测试的。通过测试评鉴，你大致可以了解自己的自尊感处于一个什么样的层次。"

自尊感自我评价表

请仔细阅读以下各项，将最切合你行为的分数圈上。

此行为经常出现——1分，此行为有时出现——2分，此行为很少出现——3分。

	安全感	经常	有时	很少
1	不大愿意离开自己觉得有安全感的地方/人物/东西	1	2	3
2	有一些焦虑不安的表现，如咬指甲、吮手指、挠头发、咬牙、摇头晃脑、无缘无故地哭，对事情表现得过分敏感	1	2	3
3	经常出现一些生理上的毛病，如头痛、尿床、出汗	1	2	3
4	不知道别人对自己的要求	1	2	3
5	不愿意尝试新的事物	1	2	3
6	出现一些不知因由的恐惧	1	2	3
7	对于与人建立信任的关系感到困难	1	2	3
8	与认识的人做身体接触时表现出不安	1	2	3
9	对于处理转变或突发事件感到困难	1	2	3
10	不知道有什么资源可以利用	1	2	3
	总　分			

	独特感	经常	有时	很少
1	对自己的外表感到不满意	1	2	3
2	对于别人的称赞感到很难接受，如否认、不理会、感到尴尬……	1	2	3
3	经常附和别人，不愿表达自己的不同意见	1	2	3
4	打扮得不适当，如穿着奇怪，佩戴过分夸张的饰物，以引起别人的注意	1	2	3
5	对于确切表达自己的情绪感到困难	1	2	3
6	自我认识不足，如角色、对事物的态度、身体特征……	1	2	3
7	太着意于讨好别人，太依赖关系	1	2	3
8	经常批评别人，但不能接受别人对自己的批评	1	2	3
9	对于挑战身体机能的活动感到不安	1	2	3
10	时常觉得自己不够好、没有什么特别之处，因而产生了一些防卫机制的行为，如负面的自我评价、退缩、无故哭泣、扮蠢、炫耀	1	2	3
	总　分			

	联系感	经常	有时	很少
1	难以与陌生人建立关系，缺乏社交技巧	1	2	3
2	觉得不受人重视	1	2	3
3	着重与物质建立联系多于与人建立联系	1	2	3
4	与人相处有困难，如太过表现自己、欺压对方、不合作、独断、只懂搞笑等	1	2	3
5	表现退缩，孤立及拒绝他人	1	2	3

（续上表）

	联系感	经常	有时	很少
6	很少朋友，很少被人提及	1	2	3
7	不留意别人的情绪及需要，缺乏同理心	1	2	3
8	对于什么是友情不太清楚	1	2	3
9	对于保持友谊感到困难	1	2	3
10	太过依赖成年人作为同伴	1	2	3
	总　分			

	方向感	经常	有时	很少
1	缺乏动机，不主动，表现得漫无目标，不大愿意用功	1	2	3
2	对事物只能从一个层面看，不考虑其他可行的方法	1	2	3
3	感到无能为力，继而做出一些博取别人注意及同情的行为	1	2	3
4	不能够完成任务；不能集中精神，粗心大意；表现得不耐烦	1	2	3
5	缺乏确立目标的技巧，以致所定目标不能完成，如目标定得过高、过低，或不能实现	1	2	3
6	觉得无助，没有能力影响他人	1	2	3
7	经常依赖别人的指示及鼓励	1	2	3
8	尽量避免自己做决定或带领工作，使自己尽量少负责任，当遇上问题时便推卸责任	1	2	3
9	不能/不愿自作决定	1	2	3
10	不能准确地评估现在及过去的表现及能力	1	2	3
	总　分			

	能力感	经常	有时	很少
1	不愿说出自己的意见	1	2	3
2	对于自己有能力胜任的事情都表现得依赖及无助	1	2	3
3	不会主动争取机会，因害怕做多错多	1	2	3
4	遇到挫折时很容易放弃	1	2	3
5	对于自己有什么长处不太清楚	1	2	3
6	非常害怕失败，将失败看得太重，缺乏体育精神	1	2	3
7	经常觉得自己"不能"，因此不肯尝试	1	2	3
8	当感到没有信心或能力时便会有以下行为：沮丧、退缩、抗拒、欺骗、发脾气	1	2	3
9	不能接受自己的弱点	1	2	3
10	否定/否认自己有成功的地方，可能用一些负面的句子来形容自己的成绩	1	2	3
	总　分			

接下来，钟慎之让程诺将得出的分数按照高分和低分，根据下面的对照表来对号入座，对自己的自尊感进行分析。

两个不同的世界（对照表）

自尊感构成元素	高的表征	低的表征
安全感	·感到舒服、安全、肯定 ·知道他人对自己的期望 ·可预期会发生的事 ·知道要遵守的规则和限制 ·能信赖他人	·易感到紧张 ·新的经验会带来不安 ·不能表达和响应别人 ·不能掌握他人的期望 ·对人、对事怀疑

（续上表）

自尊感构成元素	高的表征	低的表征
独特感	·清晰地认识自己 ·能形容自己独特的地方 ·接纳自己	·自我认识不足、不实 ·对自己外表不满意 ·不容易接受别人的赞赏 ·模仿别人
联系感	·有归属感 ·感到被接纳 ·在重要的人际关系上，感到被赞许、欣赏和尊重	·依赖成人做伴 ·退缩和离群 ·抗拒接触人和事 ·难以建立持久的友谊
方向感	·感到生命有意义及目标 ·能确定实际的人生目标 ·自发自动地迈向目标 ·承担自己决策的后果	·犹豫不决，处事含糊 ·欠主动及自发 ·不能评估自我表现 ·较难完成任务
能力感	·在重要事情上有一份成功、成就或自我考验的感觉 ·觉得有能力去处理和应付生命的挑战 ·知道自己的优点，也能接受自己的弱点和限制	·沉默、被动、欲言又止 ·恐惧犯错 ·容易放弃 ·贬低别人的成就 ·不能接受自己的弱点

"一般而言，自尊感较高的人，基于对自己的正面感觉，上课或工作专心，较主动独立，勇于学习及尝试新事物，与周围的人相处愉快，互相尊重，愿意动脑筋解决问题，能承受挫折并相信明天会更好。自尊感较低的人，基于对自己的负面感觉，则常在面对困难时退缩逃避，不敢冒险，忽视自己拥有的资源及潜能，觉得自己被人厌弃，失败后只会推卸责任，埋怨别人而不自我检讨，容易受他人影响失去自我，与朋友关系表面，重视物质及外界条件，较少探寻人生的价值和意义。"钟慎之解释说。

看来自己的自尊感的确不高啊！程诺看着自己测试的结果，自尊感的五大构成元素，他的分数都不高。他不由得叹了口气。

 自尊感的提升

钟慎之看着程诺气馁的样子，安慰他说："自尊感不是与生俱来的，也不是一成不变的。你觉得自己的自尊感不高，其实是很多因素影响的，在刚才的测试活动中已经提到了。总的来说，自尊感有三个特点：①不是与生俱来的，而是在成长过程中逐步建立的；②自尊感是可以改变的（变高或降低）；③我们可以通过掌握自尊感提升的技巧去协助自己或别人（朋友、兄弟姐妹或同学）扭转自尊感低落的情况，使之成为高自尊的人。

"因此，自尊感强的人，也不必觉得骄傲，随着时间和环境的改变，自尊感是可能降低的。比如，你之前因为挂科而变得自卑，其实就是自尊感降低了。而当你成绩好了，底气足了，自尊感便提升了。而自尊感低的人，也不必觉得沮丧或者失望，通过适当的方法加以调整，你的自尊感也可以得到提升。"

第三章　钟老师的第三个锦囊

钟慎之递给程诺一个洁白的信封，上面写着"信封3"。

"这是钟老师给你的第三个锦囊，你可以选择现在打开，也可以在回家后再开启。"

程诺决定当场拆开。

锦囊 3　提升自尊感七部曲

1. 认识自己：
- 保持和提升自觉、敏感度。
- 自觉情绪的状态和周期。
- 诚实而定期的内心探讨和反思。
- 减除个人的盲点。
- 勇敢地处理失败（包括健康、感情、事业、家庭等）。

2. 接纳自己：
- 每个人都是举世无双和珍贵无比的。
- 我们自身远重于我们的行为。
- 我们是谁远重于我们的成败。
- 不可改变的要设法接纳。
- 可改变的要设法正视并做出改变。

3. 为自己树立目标：
- 先要明确自己的目标，然后制订切实可行的计划。
- 向着自己的愿望和需求奋进。
- 下定决心去实现目标。

4. 战胜挑战，超越自我：
- 弄清问题。
- 提出多个可行的方法。
- 挑选其中一个最佳的方法。

- 运用这个方法，贯彻执行。
- 最后评价其效果。

5. 避免自己坠入思维陷阱（改变胡思乱想）：
- 期望过高——当真实自我和理想自我出现落差时，自尊心就会下降。
- 盲目攀比——当自我表现和他人成就之间出现大差距时，自尊心也会下降。
- 自我贬低——把罪责归于自己，将功劳归于他人。

6. 欣赏自己以达至自爱：
- 肯定自己是个有价值的人。
- 欣赏自己的长处和特点。
- 珍视自己宝贵的能力。

7. 拓展自我：
- 发挥自己的潜能和专长。
- 助他人发挥潜质和特长。

"你可以在平时的生活和学习中，用这七部曲进行练习，尝试一下提升自尊感。说不定，你会有非常奇妙的感受哦！"钟慎之再强调说，"要记得，学以致用才能真正学会知识！"

程诺点点头，钟慎之又给他一叠资料："这是今天的课后作业——阅读与思考。这些资料你带回家去，阅读完之后进行反思，写下你的感想和回应，下一次上课时带过来。"

阅读与思考

独一无二

叶恩明

这袭时装独一无二，于是她愿意花上大量的金钱，兴奋地抢购下来。穿上后，感觉自己高贵多了。

这辆特别版的跑车，本地只会有一部，于是他便不惜巨款订购，觉得十分威风。

这只腕表是全球限量发售的，本市只配给一只，于是人们费尽心思争相抢购，戴在腕上，顿感尊贵。

独一无二的东西，令人产生拥之而后快的感觉，珍而重之，感觉自豪。

于是，销售者常以"只此一件"作为招徕的手段，因为很多人都有渴求独特的心结。

其实，每个人都是独一无二的个体，为何仍有不少人自我轻视，不懂欣赏自己的独特呢？

试问，可会有人拥有你那独特的脸孔，跟你一样的智慧、情绪、行为、性格、视野、感受、经历、技巧呢？

当然没有，但拥有独特的你，未必因而觉得自豪，感到兴奋。

自轻者，不易发觉自己的优点，埋没自己的潜能，生活难以兴奋，因循随众，易于沉闷。

明白自己就是独一无二的，会珍重所有，发挥所长，尊重自我，接受自己，活出真我。

* 我的感想及回应：＿＿＿＿＿＿＿＿＿＿＿＿＿＿＿＿＿＿＿＿
＿＿＿＿＿＿＿＿＿＿＿＿＿＿＿＿＿＿＿＿＿＿＿＿＿＿＿＿＿＿
＿＿＿＿＿＿＿＿＿＿＿＿＿＿＿＿＿＿＿＿＿＿＿＿＿＿＿＿＿＿
＿＿＿＿＿＿＿＿＿＿＿＿＿＿＿＿＿＿＿＿＿＿＿＿＿＿＿＿＿＿

我是我自己

佚 名

在这个世界上,没有一个人完全地像我。
某些人有某部分像我;
但,没有一个人完完全全地像我。
因此,从我身上出来的每一点、每一滴,
都那么真实地代表我自己。
因为,是"我"选择的。
我拥有的一切——
我的身体,和它所做的事情;
我的大脑,和它所想、所思的;
我的眼睛,和它所看到的;
我的感觉,不管它有没有流露出来——
愤怒、喜悦、挫折、爱、失望、兴奋;
我的嘴,和它所说的话,
礼貌的、甜蜜的或粗鲁的,
正确的或不正确的;
我的声音,大声或小声的;
以及我所有的行动,不管是对别人的或对自己的。
我拥有我的幻想、梦想、希望和畏惧。
我拥有关于我的一切胜利和成功,
一切失败和错误。
因为我拥有全部的我,
我能够和我自己更熟悉、更亲密。
由于我有了这些,我能够
爱自己并且友善地对待自己的每一部分。

于是,我就能够做我最感兴趣的工作,
我知道某些困惑我的部分,
和一些我不了解的部分。
但,只要我友善地去爱我自己,
我就能够有勇气、有希望地,
寻求途径来解决这些困惑,并发现更多的自己。
然而,任何时刻,
我看、我听、我说、我做、我想或我感觉,那都是我。
这是多么真实,表现了那时刻的我。
过些时候,我再回头看我所看的、听的,我做过的,
我所想、所感的,有些可能变得不合适了。
我能够丢掉一些不合适我的,保留合适的,
并且再创造一些新的。
我能看、听、感觉、思考、说和做。
我有方法使自己觉得活得有意义,亲近别人,
使自己丰富、有创意。
我拥有我自己,
因此,我能驾驭我自己。
我是我。
而且,我是可以的。

* 我的感想及回应:＿＿＿＿＿＿＿＿＿＿＿＿＿＿＿＿＿＿＿＿＿＿＿
＿＿＿＿＿＿＿＿＿＿＿＿＿＿＿＿＿＿＿＿＿＿＿＿＿＿＿＿＿＿＿＿＿＿＿＿＿
＿＿＿＿＿＿＿＿＿＿＿＿＿＿＿＿＿＿＿＿＿＿＿＿＿＿＿＿＿＿＿＿＿＿＿＿＿
＿＿＿＿＿＿＿＿＿＿＿＿＿＿＿＿＿＿＿＿＿＿＿＿＿＿＿＿＿＿＿＿＿＿＿＿＿

第三课　120分钟自我减压法

每个人每天无形中都处于一个"高压锅"的世界内，Life Skills 生活技能告诉你，要把压力当作空气，学习与压力共舞。

课后实践二：我的自尊我决定

 妈妈早安！

又到了周一，又是个上学的日子。程诺被老妈的敲门声吵醒，"儿子，起床啦！"

程诺不情愿地在被窝里挣扎，实在不想起床，恨不能再睡一会儿。忽然想起钟慎之让他这周练习一下"提升自尊感七部曲"的方法，灵光一现，想起又可以对同学们进行新的观察和反思了，对上学突然产生了兴趣。

他揉着惺忪的睡眼走出房间，老妈正忙活着往饭桌上摆杯盘碗碟："快去洗漱，准备吃早饭了！"

这是每天早上基本上会见到的一幕。只要妈妈在家，每天都会一大早起来为全家准备早餐。过去程诺从未留意过，今天看到妈妈忙碌的身影，他想起了自己写的行动计划——向妈妈问好，关心妈妈，心里忽然有些触动，于是大声对妈妈说："妈妈早安！"

妈妈抬起头看着程诺，儿子最近确实有点改变，她说不出到底哪里不同了，但是"知子莫若母"，她还是感受到了，儿子正在一点点地改变。

程诺吃着早餐，只听李洁美说："程诺，今天放学后早点回家，家里要来客人。"

"谁啊？"程诺随口一问。

"你回来就知道了。总之，早点回来，一起吃晚饭。记住了吗？"李洁美微微一笑，卖了个关子。

家里来客人是稀松平常的事情啊，妈妈还搞得这么神秘！

程诺狐疑着，点点头，背上书包上学去了。

"妈妈再见！"今天的反思计划即时启动！

 新来的同桌

照例是一个好天气，秋高气爽，秋日和煦的阳光懒洋洋地洒在教室外面的走廊上。程诺的座位正靠着窗子，正好可以享受这寒冬前的温暖。他一边靠着窗子晒太阳，一边观察着周围，进行着今天的反思训练。

程诺最喜欢植物课，因为除了课堂上讲课之外，生物老师周老师还会带大家到校园各处去采风。德训中学有一点是程诺觉得特别好的，就是植物很多，而且品种多样。一到春天，花花草草们都长出来后，校园里格外好看，树木茂盛，夏天躲在树下玩耍或者看书，都是一种享受。简直可以说，不用走出德训，便可投入大自然的怀抱。当然，这些都还不算什么，最让人觉得开心的是，校园里还特地开辟了一个植物园，以供师生们参观和实践。他还记得，就是在植物园里，周老师给他们讲了什么是花粉传递、什么是植物的受精，介绍了大方市的市树和市花。植物园里还有一种叶子又红又绿的树，周老师告诉他们，这叫银杏树，因为叶子又红又绿，又叫红绿树，它的果子既可以吃，也可以入药，是一种很有价值的树。程诺觉得，身处这个植物园里，可以学到很多书本上没有的或者比书本讲的生动得多的知识。

所以，一到上植物课，程诺就觉得很兴奋。但是上周的植物课，走进教室的不

是周老师，而是班主任古老师。

大家发出意外的声音。古老师还是那么一本正经，她旁边站了一个陌生的女生。同学们在下面窃窃私语。

"请大家安静一下！今天我们班上来了一位新同学，我们让她做一下自我介绍，好吗？"不由分说，她把那个女生推到讲台前。

女孩怯生生的，满脸通红。"我叫……黄鹂，黄鹂鸟的那个黄鹂……"话没说完，大家哄堂大笑。这女生不但名字古怪，而且口音也怪，听起来不像是市里的，像是乡下口音。

黄鹂见状，更加紧张，变得结结巴巴了："我来自、来自大德县，我……"下面又是一阵哄笑，果然是个农村娃！黄鹂再也讲不下去了，立即转身退到了古老师身后。

"安静！安静！笑什么笑啊！一点礼貌都没有！黄鹂是我们的新同学，大家以后要对她友好，团结互助，多帮助她，知道吗？"

"知道了！"

古老师环视了教室一周，看着程诺的旁边。最近，宋天转学去了另一所中学，这样一来程诺旁边的位置便空了出来。

"程诺！"程诺答应着站了起来。"让黄鹂坐你旁边吧，你多帮助她，特别是语文方面。"

就这样，程诺有了新同桌。他发现，跟黄鹂交流比较困难，因为她说话有浓重的口音，程诺不太能听得明白她在说什么。所以很多时候，她需要用笔写下她说的话，这样交流起来就很费时间。不过通过这种方式，经过一周时间的相处，程诺渐渐对这个新同桌有了一定的了解。原来黄鹂是大德县的县中学转学过来的，是个品学兼优的学生。大方市教育部门搞了一个扶持县镇地方教育的项目，挑选县里优秀的学生，让他们免费转学到市里的中学继续读书。黄鹂正因为成绩优异，被挑选送到德训中学来了。

化学老师惊呆了

这节是化学课。课堂上，化学老师提了一个很难的问题，没有人举手，程诺看到黄鹂欲言又止、跃跃欲试的样子，便鼓励她举手回答。黄鹂终于鼓起勇气举起手来。

"黄鹂，你说。"化学老师苏老师是个和蔼的女士，这会儿正高兴地看着她。

黄鹂站起来，仿佛准备了很久一般，一股脑儿说了一大堆。只见苏老师瞪圆了双眼，保持着她那和蔼的笑容，呆站了一分钟没有动静。大家也听呆了。教室里出奇的安静，连根针掉下来都听得到响声。黄鹂揪着自己的衣角，坐也不是，站也不是，甚为尴尬。

终于，这漫长的一分钟过去了，苏老师回过神来，仍然是笑着说："很好！坐下！"

教室里掀起经久不息的笑声。原来大家都没有听懂黄鹂说什么，连苏老师都听呆了。而苏老师每次叫同学起来回答问题，只要回答得不太差，她都会说，"很好，坐下"。这基本是她的口头禅了，在德训中学大家都知道了。

黄鹂坐下来，脸色非常难看。下课后，她立即走了出去。程诺看到她只身走入了树林中，再回来时，眼睛肿肿的，好像是刚哭过。

"别把刚才的事放在心上，其实大家没有恶意的。"程诺安慰她。

黄鹂又用笔跟程诺交流起来。

她说，她知道大家没有恶意。她过去在农村，在县中学大家都讲方言，所以不会讲普通话。到了德训中学，语言不通，交流困难，交不上朋友，还常常被一些同学瞧不起，学习也跟不上，心里非常紧张。她家里还有弟弟妹妹，父母还指望她读书出息了好给家里争口气。可是现在……她觉得来了德训之后，变得很自卑，完全没有了过去的自信心。

程诺的实践

程诺看着黄鹂那肿肿的眼睛、失落的神情,不由得同情起来。忽然间,他灵机一动:这不就是活生生的自我与自尊的例子吗?眼前的黄鹂,如果去做那份"自尊感自我评价表",分数应该蛮低的吧!纵观她现在的表现,言谈举止,程诺几乎可以肯定,她现在正处于自尊感超低的状况中无法自拔。

程诺记得,钟慎之在上一堂课上,曾经总结过,自尊感有三个特点:①不是与生俱来的,而是在成长过程中逐步建立的;②自尊感是可以改变的(变高或降低);③我们可以通过掌握自尊感提升的技巧去协助自己或别人(朋友、兄弟姐妹或同学)扭转自尊感低落的情况,使之成为高自尊的人。

对呀!我们除了可以提升自己的自尊感,还可以帮助别人!程诺决定帮帮黄鹂。

虽然打定主意要帮助黄鹂提升自尊感,但程诺其实没什么把握,也不知道从哪儿开始。他只好依样画葫芦,努力回忆那天课上,钟慎之是怎么讲的。

其实,黄鹂除了口音不好,其他方面还是不错的。她很勤劳,她是住校生,每天一大早就来教室,把教室内外扫得干干净净,黑板擦得锃亮。平时有什么大扫除之类的活动,脏活累活都是她包了。跟陶桃那种"千金小姐"相比,黄鹂真是勤劳的小蜜蜂啊!她虽然交流困难,但是程诺觉得她思路很清晰,很多东西一点就明,悟性也不错,而且还很勤奋,听住校生们说,她每天晚自习时,都是最后一个离开教室的。

然而,这样的努力还不能换来好的结果,程诺觉得黄鹂很可怜。要消除她的自卑,提升她的自尊,程诺觉得要从根源上去解决问题。他认真分析了一下,觉得黄鹂的主要问题出在口音上,因为她讲不好普通话,所以老是被人笑话,因此产生了自卑。他想起陶桃有几次在教室里,当着很多同学的面数落黄鹂:"叽叽歪歪的,也不知道你说些什么,话都说不好,跑来德训干什么……"黄鹂每每都忍气吞声。现在看到陶桃,黄鹂都是绕道走。

那就这么办吧!程诺已经有了主意。

久违的客人

放学后,程诺想起老妈早上出门之前千叮咛万嘱咐要他早点回家,说今晚家里有客人来,而且还不告诉他是哪位客人。

这么神神秘秘的,倒勾起了他的好奇心。他立马收拾书包,往家里赶。

停在家门口时,程诺隐隐约约听到有人在交谈,他赶紧开门,果然从书房的位置传来一阵对话声。咦?是……

"回来啦?快看看谁来啦!"爸爸程让走出书房说。

话音刚落,从书房里匆匆走出一个人。

"啊!谅哥哥!"程诺惊喜地大叫起来。

"哈哈,程诺,几年不见,长成胖小子了!"程谅看到程诺也非常高兴,一把把程诺抱起来,但随即又把他放下来,"天哪!我都快抱不起你了!"

程诺不好意思地笑了:"谅哥哥,你怎么会来的?"

李洁美招呼大家吃饭:"你们两兄弟边吃边聊,有的是时间。"

平时程让工作繁忙,应酬很多,晚上常常不在家吃饭。今天为了程谅要来,特地早点回来。一家子坐在一起吃饭,真是其乐融融。

程谅是程让大哥程谦的儿子,他还有两个妹妹,也就是程诺的堂姐——程语和程谚。程谅从小品学兼优,小小年纪,课余时间都在帮家里做农活、摆地摊。但这并不影响他的成绩,高考时还被保送到国内顶尖学府的物理系。因为家庭困难,学校特地免收他的学费,还发给他奖学金。这不,一转眼,程谅已经大学三年级了!

程谅这次回家乡,是因为家里要秋收了,父母身体都不太好,两个妹妹,程语要高考了,而程谚要考高中,家里少了劳动力,他要回家帮忙,所以从北京坐火车到大方市,再转大巴去大德县。程让得知家里优秀的侄子就要回来了,好说歹说让他到叔叔家住上一晚,说是好久没见了,顺便教教程诺。

程诺的偶像

在程诺心中，谅哥哥一直是自己的偶像。家里大人经常说起谅哥哥的故事，以此勉励程诺。每次想到程谅，程诺就激起无限勇气，希望自己也成为谅哥哥那样的人。

"程谅，眼看着快大四了，毕业后有什么打算吗？是继续读研究生呢，还是找工作？"程让给程谅夹了点菜，问道。

程谅一边笑着说谢谢叔叔，一边沉稳地说："我想还是先工作吧，毕竟家里条件摆在那儿，两个妹妹都要读书。工作应该是没问题的，已经有好几家单位向我发出邀请函了。我现在在考虑的问题是，是留在国内工作还是出国。"

李洁美忍不住夸道："程谅，好志气啊！如果能出国的话，我看不妨出国去锻炼锻炼！"

程诺也忍不住插嘴道："谅哥哥，你打算去哪个国家？"

程谅乐了，逗他说："你喜欢哪个国家？"

程诺咬着米饭，想了想："我还是喜欢中国。"

"哈哈哈！"大家都笑了。李洁美宠溺地摸摸他的头："好孩子！"

程诺却没有笑，他看着谅哥哥神采飞扬的样子、信心满满的状态，待人接物彬彬有礼，温文尔雅，既羡慕又佩服。不知为何，他忽然想起了黄鹂。同样是来自县中学的两个人，为什么区别如此之大呢？一个那么自卑、那么不开心，一个却这样意气风发、抱负在胸。看来，谅哥哥是自尊感很高的人啊！

程诺心里暗想，我以后也要成为谅哥哥那样的人！

第一章　压力知多少

 两个极端的故事

见到钟慎之后，程诺迫不及待地把黄鹂和程谅的故事告诉了她，还说了自己的想法和分析。并告诉她，自己这几天都在教黄鹂说普通话，还让她主动和自己练习对话。

"很好！程诺，你进步不小啊！懂得去以己待人了！钟老师很高兴！"钟慎之笑着说，并对这两个故事进行了更深入的解说。

"黄鹂和程谅的确是两个比较极端的例子。他们的成长环境相似，但肯定有不同，否则结果也不会千差万别。黄鹂面临的是一个陌生的新环境，因为一下子没有办法适应，从一个很高点（县中学的状元）落到一个很低点（在德训中学常常被人嘲笑，没有朋友），所以心理产生了巨大的落差，自尊感因此降到了一个低谷。

"而程谅，我不清楚他在过去是否有发生过类似的情形，因为他的少年时期你没有见过。其实你可以详细问问他，他在刚去北京上大学时，是否出现过类似的落差期。现在他已经大三了，心理、情绪或者其他方面都已经稳定或者成熟，所以你没有看到他出现像黄鹂那样的情况，而是一个非常阳光、充满希望和上进心的青年形象，是非常积极正面的。这也是自尊自爱的一个表现。也就是我们说的自尊感强。这样的人，是会得到别人更多尊重的。

"所以，我们说，提升自尊感除了帮助自己更好地了解自己之外，也是为自己将来更好地融入社会打下基础。"

"不过，"钟慎之话锋一转，"关于黄鹂，我认为，她除了自尊感低，还存在其他的问题。比如说，压力。"

程诺露出疑惑的神情。

"她来自农村,父母期望大,她还有弟妹,身上担子重。她认为,如果自己成绩不好,今后就无法挑起这个家庭重担。而德训中学的学习让她尝到了困难。这种无形的压力冲击着她,笼罩着她,所以她郁郁寡欢,很不开心。我说的对吗?"

程诺回想了一下,好像确实是这么一回事。

"所以,你帮助她学习说普通话,这是非常好的!不过,这还不够。我们还要做的,是帮助她正确认识压力,了解自己的压力,最终化解压力!"

人生在世,处处充满压力和挑战,尤其在青少年阶段,身心都在发展,既要符合父母、师长、社会的要求,又想发展成独立、不一样的自我,为理想、为明天而奋斗,加上急剧转变的社会,实在是面面受压,让人透不过气来。不过,不要紧,人总是会成长的,经一事,长一智。更何况,你有的是青春和时间,只要好好把握,前途必在你的手上。而且压力也可以是动力,大可化压为力,只要能好好面对,压力并不可怕,压力可以转化为个人成长的助力。

"现在,程诺,想想你自己。你认为,你有压力吗?"

程诺茫然地摇头,又点头。

钟慎之笑了:"好吧,第一步,我们要去发掘自己到底有没有压力。"

 感受压力的存在

内容:请找一个宁静的不受打扰的角落坐下,然后思考以下的问题。

1. 你目前感到压力吗?
2. 压力对你有什么影响?
3. 压力对人(一般人)有什么影响?
4. 面对压力时你的反应怎样?
5. 你满意自己面对压力的表现吗?
6. 你懂得舒缓或预防压力吗?

这些问题真的很难回答啊，好像答案都是似是而非的！程诺对着问题干瞪眼。

"很难完整回答吧？那么，先不管它了。现在，第二步，老师手上有一套问卷（压力评估表），这些问题就细致多了。你看看，试着回答一下？"

课堂活动二　压力评估表

1. 两个对你了如指掌的人正在议论你，下面哪一项最有可能出现？（圈出答案）

（a）某某（即你）这人很好，似乎没什么事能烦扰他。

（b）某某（即你）很不错，但你跟他说话时得留神。

（c）某某（即你）好像总有点不大对劲的地方。

（d）我发觉某某（即你）喜怒无常，让人捉摸不透。

（e）我越少见某某（即你），心情就越舒畅。

2. 下列哪些是你生活中的普遍情况？（可选多项）

－感觉自己很少做对事情。	是	否
－感到被强迫、被欺骗、被逼入困境。	是	否
－消化不良。	是	否
－胃口欠佳。	是	否
－晚上失眠。	是	否
－头晕眼花，心跳过速。	是	否
－在气温不高，没有活动时浑身冒汗。	是	否
－在人群中或在狭窄的空间中（升降机、密室）感到惊慌不安。	是	否

– 疲惫不堪，心力交瘁。	是	否
– 感到绝望。（这一切又有什么用？）	是	否
– 没有任何生理原因而恶心、肚痛、腹泻。	是	否
– 对琐碎的事情极度烦躁。	是	否
– 无法放松自己。	是	否
– 半夜或凌晨常被惊醒。	是	否
– 难以做决定。	是	否
– 常胡思乱想，不能停止思考。	是	否
– 充满恐惧感。	是	否
– 对别人的指责感到无能为力。	是	否
– 即使是对本来想做的事也缺少热情动力。	是	否
– 不愿意结识新朋友或尝试新体验。	是	否
– 对不愿意做的事不能说"不"。	是	否
– 要负的责任超过了你的能力。	是	否

3. 你比以前更乐观／更悲观？	是	否

4. 你喜欢看体育比赛吗？	是	否

5. 你是否在周末（闲暇时）睡懒觉而没有内疚感吗？	是	否

6. 在合理的情境下，你能自然地把个人感受告诉谁？（圈出答案）

（a）你的父母。

（b）你的老师。

（c）你的朋友。

7. 通常在生活中，谁做决定？（圈出答案）

（a）自己。

（b）其他人（父母、师长、亲友）。

8. 在学习上受到批评时，你通常的反应是什么？（圈出答案）

（a）很伤心。

（b）中度伤心。

（c）少许伤心。

9. 你每天完成学习后对成果感到满意吗？（圈出答案）

（a）常常。

（b）有时。

（c）只有偶尔／甚少。

10. 你是否觉得大多数时间不能解决与人的冲突？　　　　是　否

11. 面对必须完成的功课量，你是否常感时间不足？（圈出答案）

（a）通常。

（b）有时。

（c）甚少。

12. 你对学习的要求清楚了解吗？（圈出答案）

（a）多数时候是。

（b）有时。

（c）几乎没有。

13. 你是否有足够的时间处理私事？　　　　是　否

14. 假如你要和别人商量自己的问题，能找到一个愿意聆听的人吗？　　是　否

15. 你是在实现人生目标的轨道上吗？　　是　否

16. 你对学习厌倦吗？（圈出答案）

（a）经常。

（b）有时。

（c）甚少。

17. 你是否老想着读书、考试？（圈出答案）

（a）几乎所有日子。

（b）某些日子。

（c）几乎从不。

18. 你觉得自己的能力和表现得到恰当的评价吗？　　是　否

19. 你觉自己的能力和表现得到恰当的奖励吗？　　是　否

20. 你觉得身边的人如何？（圈出答案）

（a）极力限制你。

（b）积极地帮助你。

21. 想象一下十年后的自己，你认为会怎样？（圈出答案）

（a）超出了期望。

（b）完成了期望。

（c）没达到期望。

22. 如果你必须把喜欢自己的程度划分为5（最喜欢）到1（最不喜欢）五级，你给自己的分数是＿＿＿＿＿＿。

等程诺做完问卷，钟慎之把答案评分和解释给他，和他一起分析结果。

压力评估表评分及解释

评分：

1. (a) 0分　(b) 1分　(c) 2分　(d) 3分　(e) 4分
2. 是1分，否0分
3. 是1分，否2分
4. 是0分，否1分
5. 是0分，否1分
6. (a)、(b)、(c) 是各0分，否各1分
7. (a) 0分，(b) 1分
8. (a) 2分　(b) 1分　(c) 0分
9. (a) 0分　(b) 1分　(c) 2分
10. 是1分，否0分
11. (a) 2分　(b) 1分　(c) 0分
12. (a) 0分　(b) 1分　(c) 2分
13. 是0分，否1分
14. 是0分，否1分
15. 是0分，否1分
16. (a) 2分　(b) 1分　(c) 0分

17. (a) 0分　(b) 1分　(c) 2分
18. 是 0分，否 1分
19. 是 0分，否 1分
20. (a) 1分，(b) 0分
21. (a) 0分　(b) 1分　(c) 2分
22. 5为0分，4为1分，3为2分，2为3分，1为4分

解释：

0～15分　压力对于你的生活来说不是问题。这并非完全是好事，因为适当的压力可使人充实和有动力，但也不一定是坏事，这个分数只反映出你在面对压力时的反应并不敏锐。

16～30分　这对于终日忙碌的现代人来说是中等程度的压力。

31～45分　压力已是需要面对的问题，在这种压力程度下生活并不理想。

46～60分　这个程度的压力已成为一个突出的问题，必须采取措施加以舒缓，你可能已出现很多身心问题。

*注意：对压力分数的解释必须小心谨慎，因为除分数外，还有很多可变的因素——即使两个分数完全相同的人，感受压力的程度也不尽相同！然而，此分数大体上仍具有参考价值。

第二章　压力的六大影响力

程诺得了 21 分，属于中等程度的压力。怪了！他天天开开心心的，也没觉得有压力啊！原来，无形中压力已经找上他了！

是的，压力对我们的影响是无形的。有时候，我们甚至都感觉不到压力的存在。其实，有一定的压力未必是坏事，因为压力可以转化为动力，成为积极的因素；但如果不能正确地看待压力，把压力看成洪水猛兽，那么，一根稻草也能压死一匹骆驼，一点压力也会导致一个人出问题。

那么，压力会带来什么样的影响呢？

从程诺做的压力评估表所得到的分数及解释来看，压力对人构成的影响是多方面的。

感受
忧虑　　冷淡　　烦厌　　消沉　　挫败　　神经质
内疚　　愤怒　　紧张　　孤单　　哀伤　　沮丧……

思想
混乱　　犹豫不决　　善忘　　反应过敏　　难以集中精神
负面消极　　组织分析力弱……

身体
心跳加快　　血压上升　　口干　　出汗　　发抖　　喉干
身体僵硬　　麻痹　　疲倦……

健康
气促　　胸背痛　　腹泻　　胃痛　　消化不良　　尿频　　头晕　　头痛
多梦　　失眠　　皮肤敏感（出疹）　　周期紊乱（女性）……

行为
滥药　　酗酒　　暴食　　厌食　　抽烟过度　　情绪化（哭）
言行不一　　坐立不安　　自言自语　　神经质地笑……

学业
经常请假　　同学纠纷　　不良沟通　　意外频生　　对抗增加
学习效率低　　缺乏成功感　　创造力下降……

所以，不要小看压力。像程诺这样的中等压力，如果不好好疏导或者调解，发展下去，就可能会出问题。程诺不由得咋舌，还好遇上了钟老师，早点发现了问题。

第三章　压力从哪儿来

"可是，钟老师，我真的不觉得有压力啊！那么，这些压力是怎么产生的呢？"
"问得好！要判断压力的来源，老师这里有个公式可以借鉴一下。"

换言之，压力是一个综合产物，包含了压力源（内在的和外在的）、个人能力、应对方法和反应等。

外在的压力源有很多，日常接触的一切生活内容都可以是。学习、工作、人际、不同人生阶段、事物与环境、社会的政治、经济、文化、政策、身体健康、生活习惯、家庭变故，突发的天灾、疾病、严重的交通意外和重大的社会变迁（如暴乱）等，都会对我们造成冲击。

当我们生理上或精神上受到这些外来刺激时，会引起种种心理反应，这些反应就是情绪。情绪的反应分强弱和正负不同向度，见下图：

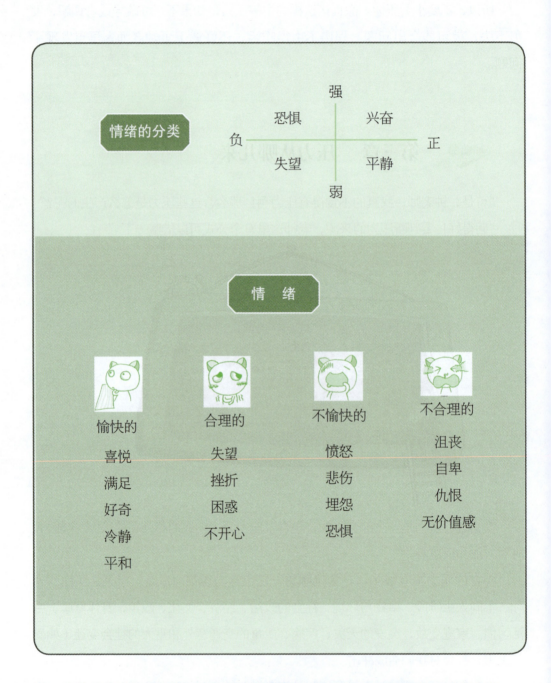

而情绪也直接或间接与个人的思想和信念有关，构成理性或非理性的选择。

理性和非理性思考（选择）的分别

	理 性	非理性/自我对话内容	
信 念	弹性	严苛的、绝对的	·必须，应该，绝对 ·所有人都要喜欢我 ·我必须是完美的 ·如果事情不依期望发生，那真不能接受 ·过去决定了一切
	合逻辑	不合逻辑	
	与事实一致	与事实不一致	
	促进目标达成	阻碍目标达成	
思 想	希望/想得到，积极	强迫的，消极	
	并不可怕	可怕	
	高挫折忍受力	低挫折忍受力	
	接受事实	责难及丧气自贬	

第四章　与压力共舞

压力就像空气

　　我们每天面对的压力可以说是无形的，就像空气一样，无色无味。我们离不开空气，因为我们必须每分每秒进行呼吸，所以，我们也不可能处于零压力的真空。从物理学来说，我们时时刻刻处于地球重力的作用下，这是客观存在的压力；而主观的压力，则来自环境、情绪、心境等造成的压力。这些压力的来源以及具体的表现形式，我们在前面已经做了详细的介绍。

　　了解了压力，也知道我们不能完全无压力，那么我们需要努力做的，就是掌控这种压力，让压力变得云淡风轻，变得顺从自己，或者说，与压力好好相处，和平共存，与压力共舞，实现美好生活。

　　钟慎之告诉程诺，要掌控好压力，首先要做的，是在压力面前与自己展开理性的对话。

课堂活动三　　分辨自我对话

请用"＋"代表理性、正面、积极的自我对话,"－"代表非理性、负面、消极的自我对话。

1. 虽然考试成绩不理想,但我仍是个不错的学生,只是努力不够。(　　)
2. 如果能赢得比赛当然很好,但输了也不要紧,因为比赛总有输赢。(　　)
3. 假如我可爱些,爸妈就不会离婚。(　　)
4. 这次测验不及格是因为我太笨。(　　)
5. 真可惜,这次表演失准了,但没关系,我可以下次再来。(　　)
6. 我样子不美,老师一定不会喜欢我。(　　)
7. 我守门接不到对方的球,我队输了,但我已尽力。(　　)
8. 小华上课和我说话,老师只惩罚我,因为我成绩不好。(　　)
9. 妙丽聪明活泼,同学一定推举她做代表而不是我。(　　)
10. 我和校长打招呼,他没理睬我,他一定在专心地在想公事,我下次再跟他问好吧。(　　)

 处理压力四绝招

钟慎之在纸上画了个图,并写了几个字:

用自我对话来处理压力

"上面的自我对话，你看出什么来了吗？"钟慎之温和地问道。

程诺思考了片刻说："好像意思是，看待一件事情，可以是好的，也可以是不好的？"

钟慎之表示赞同："很好，你看到了处理压力的核心意思了。没错，从上面的对话中，我们不难发现，一件事情都有它的两面性。同样的压力源，它怎么影响我们，主要看我们如何看待压力以及如何做出回应。刚才你做的'自我对话'，就体现了你的个人感受及回应，即这些压力对你的影响是好还是坏，你是开心还是不开心。"

"这是钟老师总结出来的处理压力四大绝招。下次，当面对压力时，你可以尝试一下这些方法，看看是否有效。"

1. 在压力事件发生前可尝试以下"自我对话"：
- 我曾有类似的成功经验，不用怕。
- 我有我的强项，我对自己有一定的信心。
- 我要做好准备。
- 我不需要永远做胜利者。

2. 在面对压力时可用的"自我对话"：
- 不必紧张，事情不一定太坏。
- 我能自我控制，让事情顺其自然地发展吧。
- 积极面对就会有效。

3. 当压力太大感到痛苦时，可以用的"自我对话"：
- 早知有困难，坚持下去吧。
- 不要放弃，改用其他方法。
- 保持平静，放松。
- 这不是世界末日，困难会过去的。

4. 压力事件过后可能出现的"自我对话"：
- 事成：真好，值得庆祝，通知支持我的人。
- 失败：我已尽力，问心无愧。
     我敌不过对手，但也不差。
     吸收经验，下次卷土重来。

看到这四大绝招，程诺就像武侠小说里面的主角看到了武功秘籍一样高兴："太好了，钟老师！有了这四大绝招，以后我就再也不怕有压力了！我还可以把这个告诉黄鹂，让她也试试。"程诺想到能帮助同学，变得兴奋起来。

 ## 预防压力 = 处理压力

"老师听你这么说，也很开心。不过这些还只是处理压力的第一步，我们要做的还有第二步、第三步呢！"钟慎之补充道。

"这样啊……那，第二步是什么呢？"

"第二步，我们要预防压力。"

"咦？钟老师，您不是说，要学会与压力共存吗？为什么还要预防？"

"嗯，你说的没错，这证明你认真听老师讲课了！"钟慎之打趣道，又解释说，"诚然，我们要学会与压力共舞；但是，你看过家里的水桶装水，水桶装满水之后，再倒水进去，就会溢出来；压力也一样啊，如果太满了，也会漫出来。如果到了那种程度，我们也无法掌控压力了，因为它太多了，我们难以承受了！所以，我们学习预防压力，不要让水满溢出来，也是处理压力的一种方式啊！"

程诺恍然大悟。

接着，钟老师又给了程诺预防和处理压力的途径：

1. 认识压力（压力是什么，来源，影响，好坏）。
2. 保持身体健康（适量的运动、休息、营养加松弛练习）。
3. 建立良好的生活方式（避免日夜颠倒、劳碌，要劳逸结合）。
4. 时间管理（适当分配时间，避免赶进度造成压力）。
5. 建立良好的"支持系统"（人际关系和谐，与家人、朋友、同学相处愉快，能互相支持）。
6. 目标明确（知道自己所要的，确立短、中、长期目标）。
7. 清晰的价值观（不随波逐流，明白自己重视的是什么）。
8. 有系统地决策和解决难题（深入思考各种可能性，做选择及下决定）。

第五章　钟老师的第四个锦囊

这堂课结束之前，钟慎之又送给程诺一个洁白的信封——信封4。与之前几次不同的是，这次钟慎之坚持让程诺回家再拆开，因为里面的内容，也是这堂课的课后作业，她让程诺回去后再做。

路上程诺已经迫不及待想拆开信封了，但是，他又想起钟老师强调让他回家后再拆锦囊，不知为什么，程诺总觉得钟老师的眼睛在看着自己，知道自己在做些什么，想些什么似的。最后，他还是忍住强烈的好奇心，急忙赶回家，立即回到房间，拆开信封。

 **锦囊4　减压练习智力锦囊**

1. 腹式呼吸松弛练习：
- 找个清静、不受外界打扰的地方。
- 温度适中，衣服宽松舒适。
- 选一张脚板可着地、有靠背和扶手的椅子坐下或平躺在有垫子的地上。
- 闭上双眼，把注意力集中在呼吸上。
- 用鼻子深深吸气，用嘴巴长长呼气，将气集中在小腹（丹田）处。
- 呼吸尽量慢、均匀、自然。
- 吸气时默念"1、2、3、4、5、停"，呼气时默念"6、7、8、9、10、停"。
- 循环以上练习，排除杂念，使腹式呼吸成为自然节奏。

＊可单独做此练习，或配合肌肉松弛和意象松弛练习。

2. 肌肉松弛练习：
- 以腹式呼吸为基础。
- 接着依次收紧肌肉和放松。

脚部：抽紧脚板肌肉，然后放松，保持放松（数10下）。
　　　抽紧小腿肌肉，然后放松，保持放松（数10下）。
　　　抽紧大腿肌肉，然后放松，保持放松（数10下）。
腹部：抽紧腹部肌肉，然后放松，保持放松（数10下）。
肩膀：抽紧肩膀肌肉（肩向耳朵方向上抬）放松。
臂部：收紧前臂及上臂肌肉（像提重物般将前臂向上臂拉近），然后放松。
颈部：向右转，停（数10下），回头向前望。
　　　向左转，停（数10下），回头向前望。

面部：将五官收紧，放开（重复）。

＊全套练习共做 15 分钟左右，可在练习间隙看看时间，但勿用响闹钟。

3. 意象松弛练习：

- 以腹式呼吸为基础。
- 依个人的喜好运用想象力。想象一幅可令自己完全放松的图景，如森林、湖泊、海滩⋯⋯
- 闭上双眼，让自己神游于想象的图景中。
- 可配合与图景相衬的轻音乐（勿用有歌词的乐曲，以免分心）。
- 让身心完全放松。
- 完成后张开眼睛，舒展一下手脚，回复日常工作。

钟慎之在信纸的最后写道:

> 程诺,钟老师想要嘱咐你几句:
>
> 1. 上述的松弛练习每天坚持做最好,一天一次已经足够,15分钟已经足够。
>
> 2. 熟练之后,随时随地均可进行(但在饭后一小时内不宜进行)。
>
> 3. 这些练习对身体和精神健康的好处不会马上体现出来,但只要勤加练习,坚持下去,你会发现妙趣无穷。尤其是疲倦时,你会发现15分钟的练习,比睡上一两个小时更能让人恢复精力。
>
> 4. 有一点要切记:切勿勉强自己去松弛,你只能让松弛状态自然出现。
>
> 5. 除了天天练,如遇上特别紧张的日子(考试前夕)或场面(上台表演),这练习也很管用,要好好练哦!

程诺合上信纸,心中涌起一阵温暖。他下定决心,不辜负钟老师的一片苦心,就从今天开始做减压练习吧!

第二部

Life Skills 生活技能之提升课

每个人是独立的个体，也是群体中的一员。拒绝做孤独的星球，学习融入他人和集体中，是 Life Skills 生活技能的提升课。

第四课　合作三部曲
第五课　嘘！请听，请说
第六课　学会做决定

第四课 合作三部曲

在合作中，免不了发生冲突与分歧，如何化解冲突与分歧，Life Skills 教你打好基本功，学做良好的润滑剂！

课后实践三：压力无处不在

 难得的家庭日

星期天通常被程家定义为家庭日，家庭日的标配应该是一家三口出去找节目，度过欢乐而充实的一天。然而，现实与理想之间总是有一定的差距，程让和太太平时工作都很忙碌，程让因为生意关系，经常要出差，李洁美又常常加班，所以，所谓的家庭日，很多时候是形同虚设的。

这不，这周末程让又出差了。临近寒假，程诺快要期末考试了，功课也多了起来。李洁美看到程诺最近慢慢有了一些改变，跟她之间的交流渐渐多了，而且每晚放学回来，流连在电视机前的时间少了，经常窝在房间里面捣鼓什么。有几次，她不放心，找个借口进去看看，程诺总是趴在书桌前写着什么。最近更奇怪，程诺每天晚上都会跑到阳台上做操。这是以前从来没有的！

李洁美担心儿子是不是精神压力太大了，她觉得自己和先生因为工作繁忙，以前对程诺的关心都不够，心里觉得愧疚，于是决定这个星期天带程诺出门，过一个名副其实的家庭日。

早上母子俩去了大方市的野生动物园。这里的动物大部分不是关在笼子里的，而是放养的。当然有攻击性的动物，比如狮子、老虎，还是被放养在离游客很远的地方。野生动物园开了快两年了，李洁美答应儿子带他来玩，结果一拖再拖。今天阳光明媚，天气晴好，李洁美决定，无论如何要带儿子来实现这个心愿。

他们在野生动物园玩得很尽兴。野生动物园内的动物种类繁多，乘坐观光小火车在动物园里穿行时，长颈鹿啊、麋鹿啊、鸵鸟啊，都在火车穿行的大草地上悠闲地散步或你追我赶地玩耍。自由自在的动物看起来状态就是不一样啊，比起关在铁笼子里，这里的动物过的是一种更有尊严的生活。那猴山上成群的猴子，想睡就睡，想吃就吃，上蹿下跳，天天接触大自然，也没有其他动物威胁到它们的安全。过的简直就是一种没有压力的生活啊！

钟老师教的减压操，这里的动物其实每天都在做吧！程诺不由得感叹，做动物真好！什么都不用想，也不用想将来如何、梦想是什么。程诺想起了钟慎之在第一次见面时对他说过的话："程诺，现在你不知道自己将来怎样，没关系，等上完生活技能课之后，你自然会找到你的将来的。"

现在已经上完基础课，程诺已经不知不觉养成随时进行观察和反思的习惯。接下来要上的提升课，不知道又会学些什么内容呢？

压力一家子

"程太太，怎么是你啊？好久不见了！"从野生动物园出来，李洁美带程诺去了附近的一个餐厅吃粤式点心。正值午饭时分，餐厅里坐满了人，没有单独的桌子，李洁美他们只得按照服务员的指引与人拼台了。一坐下，旁边的一位太太就惊喜地跟李洁美打招呼。

"啊，原来是洪太太啊！真是好巧啊！"李洁美也喜出望外。

"这是程诺吧，哎呀，都长这么大了。不认识洪阿姨了？你小时候住在爷爷家时，洪阿姨还经常买点心给你吃呢！"

原来这是程爷爷家以前的邻居洪太太。适逢周日，洪太太带儿子洪琪出来吃饭。女儿洪珍则和男朋友逛街去了。

自从洪家搬走之后，两家人就没有见过面。今天机缘巧合，竟在一个餐厅的一张饭桌旁重逢，两家都很高兴。饭菜上齐，边吃边聊，一顿饭不知不觉竟吃了两个小时。

席间李洁美与洪太太许久未见，话题众多，越聊越投机。洪太太的女儿刚刚毕业，已经参加工作；儿子在读高三，将要面临残酷的高考以及升学选择的问题。

"哎，程太太，还是你福气好啊。程诺还小，什么都不用你操心！"洪太太感叹道。

"你有所不知啊，洪太太！程诺没让我少操心啊！别的不说，你看看，小小年纪，长成个胖小子！我担心他这么发展下去，麻烦不少啊！还是你现在最好了，女儿已经不用你操心啦，儿子马上上大学了，都成人了，你就省心了。"

"哎，洪珍我就不说了；我现在就担心洪琪，不知道能不能考上重点大学，你知道，考不上重点大学，以后毕业找工作都成问题！现在的社会，竞争这么大！"听着这话，程诺看到洪琪脸上露出烦腻的神情，估计这话他听了几百遍了吧！

说着，洪太太的手机响了，挂了电话说，洪珍要来吃饭。

说曹操，曹操到。不一会儿，洪珍到了，却是一脸愤愤之气。

"这是怎么啦？跟谁有仇似的。"

"别提了，还不是被他家烦的。"洪珍说起来又是一肚子气，原来今天本来约好和男友一起逛街。两人逛完，正准备去吃个情侣餐，男友家又打来电话，说让他们去看婚房用品。洪珍什么心情都没有了，跟男友大吵一架，两人不欢而散。

"看婚房用品？要结婚了吗，洪珍？"李洁美好奇地问。

原来，洪珍刚刚工作没多久，她男友家就催着他们结婚，理由是女人经不起等待，希望他们早点结婚生子，为男方家传宗接代。为了催他们结婚，男方家长甚至将房子都装修好了，每周打电话过来催婚，搞得她和男友两人很为难，每天承受着巨大的精神压力。

"我能不操心么？洪珍不让我省心，洪琪马上又要高考了，现在学校是每周一小考，每月一大考，搞得风声鹤唳，周六还得补课，只有周日能休息，所以我赶紧带他出来走走，舒缓一下。"洪太太又把话题拉回儿子身上，抱怨道。

"妈，别说了！唠唠叨叨，没完没了的。"洪琪忍不住抗议。

程诺看看洪琪，又看看洪珍，再看看洪太太，都是愁眉苦脸的，看来每个人都不太开心。钟老师说的没错，每个人在无形之中都在承受着或大或小的压力，有时候连自己也不知道它的存在。而这种压力又在不知不觉中影响着每个人的生活，影响他们的心情。想到这里，程诺觉得头脑突然变得清晰，看事看人也变得更宏观一些了。看来明白了压力所在并练习减压操，的确对看问题、处理情绪等有所帮助。

 ## 齐做减压操

下课后，黄鹂很奇怪，趴在桌上一动不动。

咦，难道是生病了？程诺不禁有点担忧，推了推她，没反应。再推，似乎看到她的双肩在颤抖。这是……怎么了？

"黄鹂，你没事吧？如果不舒服的话，我去跟古老师说，带你去校医室看医生？"

良久，黄鹂慢吞吞地抬起头来，程诺这才看到她竟然满脸泪水！

"你怎么哭啦？又有人欺负你吗？"

黄鹂摇摇头。最近，黄鹂的普通话有了明显的进步，大部分时候可以用较为生疏的普通话直接和程诺交流，涉及一些艰涩字眼时，才需要用笔写下。这会儿，在程诺的再三追问下，她终于结结巴巴地说出了原委。

原来，今天公布本月小考的总成绩，试卷发下来，黄鹂的分数不理想，特别是语文、英语等几门文科类的功课，分数都只是刚刚及格。计算下来，成绩在全班排名靠后，60人的班级，她排在差不多50位，几乎是班上倒数前10位了。

黄鹂觉得自己对不起在家辛苦务农供她和弟妹读书的父母。父母含辛茹苦，起早摸黑，面朝黄土背朝天，都是希望她有朝一日读书出息了，可以减轻家庭负担，承担起弟妹的教育和养育重担。可是，这样的成绩，继续发展下去，她担心没法考上德训中学的高中部。如果这样，父母该多么失望！

巨大的精神压力已经让她从转学到德训中学后常常夜夜苦读，但是效果看起来并不遂人愿啊！

因为巨大的精神压力,加上不尽如人意的结果,她一下子崩溃了,所以才出现刚才程诺看到的那一幕。

又是一个被巨大的压力束缚的例子!

程诺天生古道热肠,自从学了减压法之后,俨然成为减压小专家。看着可怜的黄鹂,他觉得她不应该给自己施加这么大的压力。她转学来德训中学才一个多月,一切都还只是刚刚起步,未来如何尚无定论,谁能断定以后她不能考出好成绩呢?再说,考不出好成绩,就说明她不是好学生、好女儿吗?

程诺对黄鹂说,午饭后,让她在教室里等他。

中午到下午上课之前,有两个小时的休息时间。吃完午饭后,一般同学们会在校园内外逛逛,去湖边走走,去公园散步,或者去图书馆看书。当然,也有人选择在教室里休息。这不,黄鹂就老老实实在座位上等程诺。

"走吧!"程诺过来招呼她出去。

"去哪儿?"

"去了就知道了。"程诺带着黄鹂,穿过公园,穿过树林,来到学校东头的草地上。中午时分,草地上静悄悄的,初冬的暖阳洒在草地上,照在人身上,让人觉得温暖,还有一种幸福感。

程诺看着黄鹂,一本正经地说:"黄鹂,我来教你做操吧!"

"做操?早上才做过啊!哪有人中午做操?"黄鹂一脸惊奇。

"我教你做的不是早操,而是——减压操!"

第一章　郊外的公车课

程诺敲响钟慎之的家门,钟慎之伸出头来:"程诺,你来了!"然后,她走出门外,身上还背了一个大书包。转身把门锁上了。

"今天咱们到外面去上课。"

"为什么呢?"程诺觉得很奇怪。

"从今天开始,我们就进入生活技能课的提升课部分了。就像武侠小说,不是说练功也有个第一层、第二层……咱们现在就等于进入第二层了,所以上课的地方、上课的内容都要升级了。"钟慎之和程诺边走边说。

"大方市新开了一家科学馆,在郊区,咱们今天就去那儿上课。你去过吗?"

程诺摇摇头:"在哪儿?"

"老实说,我也不知道啊。"钟慎之两手一摊。

"啊?钟老师,不是吧!那,我们怎么去?"

"所以,接下来就需要我们合作来解决这个问题啊。你带纸和笔了吗?"

程诺从书包里掏出纸和笔。

"我们现在往附近的公交车站走。钟老师和你合作,各司其职。你去问路,问清楚怎么去科学馆,要怎么坐车,把详细信息写下来。越详细越好,以确保我们可以按照这些问来的信息去到目的地。钟老师要做的是去准备一下我们路途上的干粮和水。记住了吗?"

程诺点点头:"知道了,钟老师,那今天我们的课是什么内容呢?"

"待会儿你就知道了。"钟慎之眨眨眼,又卖起了关子。

 钟老师的背包

来到公车站,他们分头行动,程诺顺利完成了钟慎之交代的任务,和钟慎之在公车站汇合。

钟慎之仔细看了看程诺记下的笔记,满意地点点头:"干得漂亮!"转过身把背包的拉链打开,"瞧我的!"

程诺一瞧,钟老师的背包里还真是丰富多彩啊!有几瓶矿泉水,有面包,有水果,还有一大堆资料……难怪她要背个这么大的背包出来!

"今天上的课就是:如何与人合作。我们之前上的三堂课是基础课,教你如何与自己相处。从这一堂课开始,我们将连上三堂课,教你如何与他人相处,这就是生活技能课的提升课。刚才我们合作去科学馆,就等于是我们今天课程内容的序言,让咱们小试牛刀呢!"坐在去科学馆的车上,钟慎之和盘托出,并开始了今天的课程内容。

原来如此!程诺恍然大悟,钟老师真是用心良苦!

去科学馆的路上,钟慎之问起程诺这一周的课后实践和反思情况。程诺如实向她叙述了遇见的洪珍、洪琪姐弟,还有因为成绩不好而哭泣的同桌黄鹂……他们都是压力爆棚的例子。程诺还告诉钟慎之,自己除了坚持做减压操之外,还教黄鹂做操。

"哦?效果如何?"钟慎之兴致勃勃地问。

"还不知道。我还要观察。"程诺不好意思地说。

"看来程诺是青出于蓝而胜于蓝了,都可以当老师了啊!"钟慎之打趣道,话锋一转又说,"黄鹂这孩子压力确实太大了点。一个农村女孩到城市来求学,很不容易。她的资质是不错的,如果因为环境的改变而影响她的发展,这是做老师的都不想看到的。我们应该多帮助她。你做得很好!至于洪氏姐弟,你对他们并不是很了解,具体情况也不好说。我只能说,这世上的确是各人有各人的烦恼和压力,要不怎么说'家家有本难念的经'呢?每个人的压力,程度不同,表现形式也不一样,上一堂课我们已经谈过了。所以,学会如何减压,是多么重要啊!能够让自己过得好一点、开心一点,也是一门学问呢!"

"合作"、"与人合作",这些词句看起来像是轻而易举,合作不就是1+1=2的事情吗?这还要学?

当然不是！合作，不等于1+1，今天要学的，就是合作三部曲。

"首先，先问你一个问题，我们为什么要合作？为什么不能一个人独自解决问题？"

"合作起来，问题解决得比较快，节省时间，也更容易。"

"没错。这是合作的一个好处。"

在现代社会，竞争越来越大，人也变得越来越自私，我们经常会为了自己一时的利益和方便，做出一些对整个团体和社会有害的行为。要解决个人利益凌驾于团体利益这个问题，唯一的办法就是彼此合作而不是你争我夺。另外，社会越进步，做任何事或办任何企业，所需要的知识、科技和力量都比以前要求的多得多，单凭个人的力量已难以达成，所以必须合作。再缩小范畴而言，就算是课堂学习，今天的功课内容中，也多了大家一起做活动的项目，比如设计、调查、报告和小组汇报，单打独斗的时代似乎已经过去了。但就个人心理学而言，合作行为并不是最本能、最容易采取的行为，个人为了自身利益，常会与周边的人和事发生矛盾和冲突。所以，与他人合作必须经过学习，并且还要懂得如何处理矛盾和冲突。

 冲突大解疑

合作分为三步：首先是合作，其次是处理冲突，最后是沟通表达。

何谓冲突？

1. 定义：

冲突出现在至少两个或以上有依存关系的当事人中间，是当事人发觉彼此目标无法共存、资源或酬赏不足、对方干扰或妨碍自己达成目标时所显现出来的争斗。

2. 本质：

个性冲突：每个人都有不同的性格特质，有些个性易使人不快。

目标冲突：各有取向，最常见的冲突状况。

环境冲突：客观上条件的未能相容而引发的纷争。

事实认知冲突：信息不足、真相未明、误会均属此类。

价值冲突：对人生的意义、追求、金钱观持不同看法，属深层次的矛盾冲突。

3. 模式（见下图）：

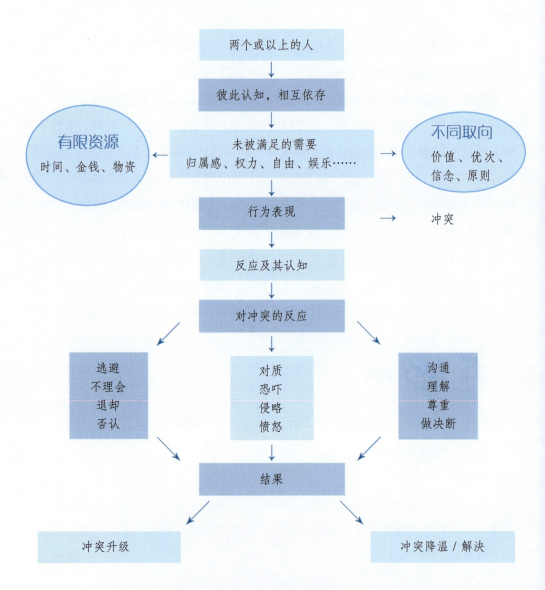

冲突模式图

解决冲突好处多

"人为什么要处理冲突,解决冲突?"程诺问。

"因为,这将给你带来很多好处。"钟慎之介绍。

具体来说,有以下这些好处:

1. 能解决日常生活中很多困扰的问题。
2. 在不影响与其他人的关系和友谊下,照顾到自己的需要及达成目标。
3. 更了解及配合其他人。
4. 令别人觉得你是开明的、能忍耐的和懂得尊重别人。
5. 使别人尊重和信任你,更愿意与你交往及合作。

而如果不懂得处理冲突,后果也是很麻烦的:

1. 时常卷入争论和争斗的漩涡而不能自拔。
2. 敌人多于朋友,友谊不长久。
3. 很难和家人、同事相处,心情受影响。
4. 很容易小事化大,造成不必要的损失(时间、金钱)。
5. 不受别人尊重,被排拒或边缘化。

 ## 处理冲突的五个基本功

刚才已经介绍过了,与人合作和避免冲突并不是人的本能,竞争才是。因此,要能好好处理冲突,需花上不少时间,要重复演练才能获得这一宝贵的生活技能。要好好处理冲突,先要掌握下面五种能力:

A. 合作性地解决问题的能力(课堂活动一:合作四方形)。

B. 有效沟通的能力。

C. 容忍人际间的差异的能力（课堂活动三：九点菱形）。

D. 建设性地表达自己情绪感受的能力。

E. 有创意地寻求既不损害他人权益又能达成自己目的的能力（课堂活动六：图画故事）。

"A、C、E是咱们今天的课堂活动，待会儿到了科学馆咱们再玩。B、D的内容，我们会在以后的课程中进行介绍。"

第三章　科学馆的课堂活动

怒发冲冠的实验

新落成的科学馆，外形像个想要展翅而飞的鸟，灰白色的石砌外墙，有一种凝练的气质。进入科学馆，天花板完全是由玻璃构成的，自然采光，节能环保。程诺看到科学馆有好几层，分为不同的馆。比如，地质馆有很多不同时代的化石、矿石等陈列展览；航空馆是参观人数最多的，里面陈列着小型的飞机模型，还有其他的航空模型；植物馆有很多植物的样本。此外，还有动物馆、生活馆、食品馆、物理馆等，五花八门，令人目不暇接。

钟慎之带程诺走了一圈，在物理馆中，他们看到一个年龄和程诺差不多的女生正把手放在一个巨大的一直不停转动的不锈钢圆球上，神奇的一幕发生了：女生的头发竟然全部竖了起来！情景十分滑稽，程诺哈哈大笑的同时，忽然想起在前段时间的物理课上，新来了一位刚毕业的年轻男老师彭老师，他为了让物理课不那么让学生昏昏欲睡，常常在课堂表演各种实验，其中有一个就是这个圆球实验，当时他的表演让大家哈哈大笑，令人印象深刻。现在再看到这一幕，他忽然明白了彭老师的用心良苦。为了上好课，彭老师也是费尽心思啊。

钟慎之把程诺带到科学馆旁边的一个大房间内，没想到里面早已坐了不少与程诺年龄相仿的学生模样的人。

"钟老师好!"

"大家好!你们都很准时啊!"钟慎之招呼大家坐下,"大家都到了吧!没到的举手!"

房间内一阵笑声。

这是怎么一回事?程诺一头雾水。

钟慎之解释说,这些都是她的学生,有些是以前教过的,有些像程诺一样是正在教的。因为今天是教合作课,需要多人一起协作完成活动,所以把大家聚集到一起来上课。这个房间便是科学馆的教室。

啊,原来如此!

今天来的学生有 20 人,钟慎之把包括程诺在内的所有学生分为四组,每组五人。她让大家分坐在四个圆桌前,以组为单位,每个人进行自我介绍,相互认识。接着,她介绍了今天课堂活动的规则。

课堂活动一　合作四方形

这个活动需要五人一组进行,多组(最好三组或以上)同时玩,以体现合作的重要性。

1.必备条件:

(1)没有负方,所有人均是胜利者。

(2)没有旁观者,每人都必须参与。

(3)团体接受的挑战在于一同完成一件事。缺少任何一人的贡献都不能或不算是成功。

2.玩法:

依下面提供的五个正方形(大小相同)在白卡纸上放大,并分割成小纸片。分成五人一组,每人随机分得若干块已切割的纸片。组中每一个人都须拼出一个大小相同的正方形(共五个)。全组拼完便算成功。

3.规则:

从派发小纸片时开始,各人均不准说话。

在拼图的过程中,不准主动取用其他组员的图形(纸片);不准替其他组员拼图或用动作提示,但准许将自己不用的图形(纸片)交给其他组员。

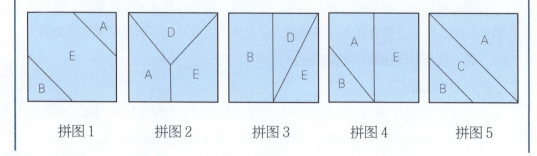

拼图1　　　拼图2　　　拼图3　　　拼图4　　　拼图5

"怎么样?大家都完成了吧!结果如何?好玩吗?"钟慎之让大家静一静。"完成了的组请举手!"

有三组举了手,有一组还没有完成。

钟慎之看了其他三组的结果,然后走上讲台,在黑板上写下:

拼图活动的结果:
(1)有些组可以很快就完成。
(2)有些组可能无法完成。
(3)有些组会以"犯规"的方式完成。
为什么?请各位同学好好想一想。

最后，钟老师总结说："如果要完成这个活动，参与者必须留意到其他组员的工作进度和需要，主动把自己持有的一些图形（纸片）交给其他组员，那样才能快速而正确地完成任务。"

课堂活动二　联系大联想

合作四方形这个小组活动很有意思，它不但富有娱乐性和挑战性，而且具体、形象地表达了合作的真义！在拼图的过程中，真实地反映了我们在日常生活中集体处理问题的种种情况。无论是在家庭、学校，还是工作单位，都会有不同的感悟。你能写一写吗？

我的感悟：

课堂活动三　九点菱形

刚才的拼图不准发声,也不能主动去影响别人,只以观察、体谅和尊重等待大家一起完成任务。接下来九点菱形的玩法有点不同,但仍以小组形式进行。目的在于显示对歧异(人际间的不同意见)的容忍能力。

玩法:

依次填好图1、图2、图3这三个分别有九个方框的菱形。

图1:个人完成,依据你认为的重要性把下列九项学校事务排列,最重要的排在最顶,次重要的两项排在紧随的一排(从左至右),依次类推,把事务的序号填在方框内。

图2:两人一组,商讨一个彼此都能接受的排序。

图3:四人一组,再拟订一个新的排序。

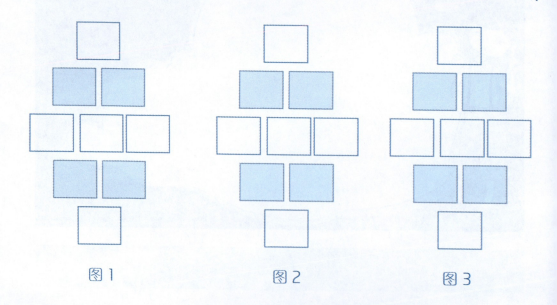

图1　　　　　　　　图2　　　　　　　　图3

九项学校事项*：

A. 准备考试　　B. 旅行考察　　C. 运动锻炼
D. 课外活动　　E. 参加讲座　　F. 课后辅导
G. 上网交友　　H. 逛街　　　　I. 去图书馆

注：这九个事项可根据不同的组群而更改。

接下来，请大家分组讨论：

在填写图2、图3的过程中是否产生矛盾冲突？

你们怎样处理这些冲突（具体方法是什么）？

你现在有什么感觉？

课堂活动四　　我的处理冲突风格

哪只动物代表你？为什么？

答案：

乌龟

鲨鱼

玩具熊

猫头鹰

课堂活动五　问卷：我的处理冲突习惯

请在符合你实际情况的选项括号中打"√"（可多于一个）。

1. 对某人不以为然，你会怎么做？

（a）三缄其口。　　　　　　　　　　　　　　　　　（　）

（b）愤恨不平。　　　　　　　　　　　　　　　　　（　）

（c）沮丧消沉。　　　　　　　　　　　　　　　　　（　）

（d）漠然以对。　　　　　　　　　　　　　　　　　（　）

（e）在他背后说长道短。　　　　　　　　　　　　　（　）

（f）在他面前变得"正经八百"。　　　　　　　　　（　）

（g）不理睬他。　　　　　　　　　　　　　　　　　（　）

2. 和人发生冲突时，你会怎么做？

（a）装作若无其事。　　　　　　　　　　　　　　　（　）

（b）息事宁人，得过且过。　　　　　　　　　　　　（　）

（c）怪自己小题大作。　　　　　　　　　　　　　　（　）

（d）事后放冷箭发泄不满。　　　　　　　　　　　　（　）

（e）控制自己的恶劣情绪。　　　　　　　　　　　　（　）

3. 和对方争执时，你会怎么做？

（a）极力证明对方错误。　　　　　　　　　　　　　（　）

（b）坚持要对方改变。　　　　　　　　　　　　　　（　）

（c）对他们大声吼叫。　　　　　　　　　　　　　　（　）

（d）诉诸武力。　　　　　　　　　　　　　　　　　（　）

（e）拒绝接受对方的建议。　　　　　　　　　　　　（　）

（f）寻求别人支持。　　　　　　　　　　　　　　　（　）

（g）发誓要击倒对方。　　　　　　　　　　　　　　（　）

（h）要求对方让步以挽回彼此的关系。　　　　　　　（　）

4. 在冲突当中，你最希望怎样？

（a）维持关系。　　　　　　　　　　　　　　　　　（　）

（b）以最公平方式处理。　　　　　　　　　　　　　（　）

（c）平均分配利益。　　　　　　　　　　　　　　　（　）

（d）为自己争取权益。　　　　　　　　　　　　　　（　）

（e）委曲求全。　　　　　　　　　　　　　　　　　（　）

（f）避免独裁或摆架子。　　　　　　　　　　　　　（　）

问卷分析:

这里的1～4题中,有多少个"√"并不重要,它只说明了在某一种习惯中,你用的哪些反应较多,并不构成好坏。在处理与别人的冲突时,我们都会选择某些应对的方式,并且觉得这是自然反应。但是,所谓自然反应,其实都是习惯,多在幼年时即已养成,如果你每次都以相同的方式处理冲突,那就形成了某些"冲突的习惯",也渐渐变成了处事的风格。

1～4题依次是逃避、压抑、输赢和折中。这四种是最普遍的处理冲突的习惯,如果长期只用一种而不因时、因人而变通,那么问题便产生了。所以,我们要小心检视自己的习惯,不固执一端,在某些时候要做适当灵活的变通。只有这样,这些技巧才能发挥最大的效果。

课堂活动六 图画故事
——有创意地寻求解决冲突方法的能力

看图画说故事,相信很多小朋友都会,但大部分人说的是故事的内容和情节,现在我请大家也来看下面的图画,除了说出内容外,还要说说这个故事对你有什么启发。

关键词:驴、草料、绳索。

反思:

1. 请问这两头驴子聪明吗?
2. 假如这两头驴子各不相让,都只向着自己想吃的草料进发,结果如何?
3. 解决冲突真的只有一方可以赢吗?

第五章　　钟老师的第五个锦囊

"从上面我们做的活动,我们不难看出,如果是大家齐心合作,不是只把自己的利益放在第一位,而是把集体的利益放在第一位,先从大局着眼,以解决共同的问题为前提,那么,事情进行就会比较顺利,结果就会比较好。合作不是一定让一方胜出,一方必定落后或者吃亏。合作最好的结局是双赢,英文叫作 Win-Win。古人有云:'独乐乐,与众乐乐,孰乐?'答曰:'不若与人。'与人分享快乐,自己会更快乐；同样，与人分享的胜利或者成功果实，更加香甜可口。"钟慎之总结道。

"这是钟老师给大家的又一个锦囊。"她给每个人发了一个洁白的信封。

如何能够达到双赢的完美结果？首先要掌握处理冲突的原则：

1. 认识冲突的征兆。

2. 针对冲突发生的具体课题讨论。

3. 对不同观点持开放态度。

4. 合作而不是竞争。

5. 事先排演冲突处理程序。

6. 面对可能出现失败的后果。

当了解了原则之后，就要付诸实践，达到双赢。以下是钟老师给你的"有创意（不剥夺别人权益）的解决方法——双赢（Win-Win）法"：

1. 确定你（己方）的需求。

2. 把你的需求让对方知道。

3. 倾听并了解对方的要求。

4. 想出可能的解决方法。

5. 评估各种可能的解决方法。

6. 选择双方都认为合适/可接受的方法。

7. 付诸实践。

8. 追踪、跟进。

送你一首老歌

"最后,钟老师送给大家一首歌,是一首老歌。"钟慎之打开手机,音乐从手机中缓缓流出,在房间内悠扬流转着:

竹仔词(团结歌)

一支竹(仔)会易折弯,几支竹一扎断折难。

孤掌莫持依,团结方可免祸患。

大家合作不分散,千斤一担亦尝闲。

齐集群力无猜忌,一切都好易办,好!

花虽好要叶满枝,月虽好皎洁有未满时。

孤掌莫持依,团结方可干大事。

大众合作不分散,千斤一担亦尝闲。

齐集群力无猜忌,一切都好顺利,好!

课后作业

最后，钟慎之给每人发了一张纸，上面写道："刚才让大家做了很多活动，纸上这些问题请你们在课后进行思考。"

1. 你们觉得今天有收获吗？
2. 如你只分得一块图形，你觉得怎样？有人留意到你吗？
3. 你看见别人拿着你需要的图形而他不知道，你是怎样想的？
4. 你害怕拼不出图形而被人觉得笨和受到埋怨吗？
5. 你看到别人完成了自己的四方形，然后悠然坐下，却因他而使别人完成不了任务，你有什么想法？
6. 你们组中有人要将已完成的正方形拆散，将其中的一些图形给别人，才使全组成功的吗？你当时觉得怎样？
7. 你有遵守规则吗？如果没有，你觉得怎样？
8. 你留意到有别的组员不守规则吗？你当时／现在的想法是什么？
9. 对于那些很迟才看出答案或误解指示的组员，你感觉怎样？
10. 是什么原因让某些组完成得快或完成得慢？

第五课　嘘！请听，请说

要达成完美的合作，关键在于有效的沟通。沟为凹陷，通为连接，既要能说，也要善听。

课后实践四：合作精髓的奥妙

 特别的小礼物

早晨来到教室，程诺把书包放进课桌抽屉，却发现里面静静地躺着一份包装好的东西。拆开一看，是一本很粗糙的笔记本，里面附有一张同样粗糙的卡片，写着："程诺，多谢你对我的帮助。一直想买个礼物感谢你，但我没有什么零花钱，所以就自己做了本粗陋的笔记本送给你，希望你不嫌弃！"落款是"同桌黄鹂"。

这些天，黄鹂除了跟程诺学普通话，还会抽空去做程诺教她的减压操。黄鹂本就是个聪明的学生，领悟力不错，加上很勤奋，程诺相信，假以时日，她一定能从目前的困境中走出来，实现自己的目标。

上早自习前，程诺朝黄鹂扬扬手中的本子："黄鹂，谢谢你哦！本子很漂亮！"

黄鹂不好意思地说："这本子做得不好看，见笑了！"

"哪里！现在手工的才稀罕呢！外面买不到。"程诺宝贝似的把本子装进书包，黄鹂被他逗得笑了起来。

"话说回来,你真牛,连本子都会做!"程诺感叹道。

"没什么啊。在家时我常帮妈妈缝衣服、鞋袜,后来上学了,就自己做书包、笔袋之类的东西。"

程诺想想自己在家,衣来伸手,饭来张口,每天早上都是老妈把早餐煮好了叫他起床,听黄鹂这么一说,竟有点难为情起来,不由得对勤劳的黄鹂肃然起敬。

"那你还要做农活吗?比如种田?"

"当然要啊,弟弟妹妹还小,到了插秧、秋收的季节,我都要去帮爸妈的忙。"

"很辛苦吧?"

"不辛苦,爸妈更辛苦。"提到爸妈,黄鹂的眼睛变得湿润了。

程诺一时不知道说什么好了,忽然想起上一堂课的内容,赶紧换个话题说:"那么,你们种田时,是合作呢,还是单打独斗?"

黄鹂说,每到秋收或者春分时节,农村家家户户都会出动,因为谁家都有个一亩三分地。不过,因为每家每户的人丁不同,有的人家干得快,有的干得慢。比如像有些儿女在外面打工的老人,就会很慢。每到这时,别家忙完之后,大家会过来互相帮忙,众人拾柴火焰高嘛。

程诺忽然懂了,钟慎之曾说,当以个人利益为前提时,合作就会出现冲突,就像赛跑一样,每个人都希望跑赢对手;当以集体的利益为前提时,合作就会变得融洽,大家一心向前,就像拔河,以组为单位,每组就是一个集体。而黄鹂的乡亲们正是把个人利益融入集体利益,不是单独行动,而是通过良好的合作,来完成农活。

黄鹂听了程诺的分析,吃惊地说:"想不到干农活还有这么些个理论哩!"

 校花播音员

中午饭后,校园里的广播节目如期而至。广播里那清丽、甜美的女声,来自于隔壁班的靳婷。

说起靳婷,全年级几乎无人不知,无人不晓,属于校花级别了。一般来说,当上学校的校花,一定会引来很多妒忌,但靳婷则不然,不但老师喜欢她,同学们也很喜欢她。为什么她能如此顺风顺水呢?

大家都认为,靳婷很善解人意,老能观察到别人的需要,不用别人开口,她就能把人家需要的奉上,让人惊喜。她既是班长、学生会主席、学校广播站的新站长,还参加了学校的舞蹈团、合唱队,而且还是学校图书馆小管理员项目的负责人……这么多不同的事务,里里外外一把手,换作别人,肯定会忙得晕头转向、顾此失彼,她却似乎丝毫不受影响,成绩优异,爱好广泛,德智体美劳全面发展,还常代表学校去参加市里中学部的一些竞赛,拿过很多奖项。

这是如何办到的呢?记得有一次,年级优秀生分享会上,靳婷就分享过她的秘诀:遇到事情,要多与人合作沟通,处理好合作的关系。比如,她曾经遇到过学生会例会和小图书管理员项目会的时间相冲突,她就先去学生会,分派好工作,把事情汇报一下,剩下的就让其他成员去讨论,自己去图书馆开另外一个会议。像她发起的小图书馆管理员项目,由学生自发轮流值日,对图书进行管理。这么大的一个项目,每天需要有同学轮值,靠的就是她平时的好人缘。当她发起志愿活动时,来了二三十个帮手做志愿者,原本老师们还不放心给她做,这下也踏实了,乐得放手让她来操作。

看来,靳婷是深深了解并掌握了合作精髓的人啊!程诺觉得,光是这一点,就应该好好向她学习。

 能干的小伙子

晚上,一家人坐在一起吃饭。李洁美问起之前推荐去程让公司的一个朋友的儿子干得如何。

提起这个小伙子,程让面露难色。

"怎么了?"

"好是好,只是……"

原来,李洁美推荐的小伙子叫左茂,刚刚大学毕业。适逢他所学的专业和程让公司的业务方向很接近,加上程让公司的策划部刚刚走了一个员工,于是就让左茂去试试。程让坦承,左茂的工作能力和表现还可以,但上级一直不敢让他干大一点的事。

"啊?为什么呢?"李洁美很奇怪。

程让解释说,原来左茂有一个习惯:凡事一肩挑,不怕苦,不怕累,却不能和人共事。共事的人常投诉他不接受别人意见,商议好了的事情他私下又改了,要交代的事没交代,到了工作限期,将报告一交,同事连看一眼的机会也没有,他却觉得自己很尽责。所以呢,部门同事和领导们都很头疼,现在也反映到程让这儿来了,但他也拿左茂没办法。

"你说,这个小伙子,实在是个聪明人,是可造之材。做事情也很麻利积极。怎么跟别人就这么难相处呢?"

"因为他不知道合作的精髓!"程诺脱口而出。

李洁美和程让都愣了,面面相觑。程诺吐吐舌头,装作什么事情都没发生,继续吃饭。

第一章　沟通是成功的前提

   提早到的钟老师

这一周的生活技能课,钟慎之打来电话,说这一次课到市少年宫去上。她给程诺布置了一个任务,就是打电话去市少年宫预定课室。

这样的事情程诺可从来没干过。"钟老师,怎么预定?要说什么?对方会相信我这么一个中学生吗?"

钟慎之把市少年宫的电话告诉他,让他跟对方说,就说是钟慎之老师要预定课室,把上课日期、时间告诉对方就可以了。

程诺半信半疑。结果他打电话过去,对方一听说钟慎之的名字,立即答应预留课室。接电话的叔叔很和气,反复告诉他预定的课室是哪一间。程诺暗暗记下来。

到了上课这天,程诺去市少年宫跟钟慎之碰面。

这一次是不是又能见到上一次在科学馆的那群伙伴们?程诺想起上一节课,跟他一组做活动的几个伙伴。他们分别来自不同的学校,其中三个都挺合得来,小祥比较稳重,小武比较顽皮,而小花比较文静害羞。另外有个叫小辉的,比较不合群。他人比较傲慢,好像不太愿意跟大家合作,做活动时喜欢单独行动。这也导致他们组当天在课堂活动时的表现并不理想。

看来,好的合作伙伴真的很重要啊!不知这一次还会不会遇到他们。

这么想着,已经见到少年宫的大门口。远远地,一个人朝他招手示意。

"咦!钟老师,您已经到了啊!"

"是啊,我特地早到了10分钟。"

"为什么啊?您不是跟我约好9点在大门口集合吗?"他看看手表,刚好9点啊。

"是的,程诺,你很守时,这个习惯很好,我要表扬你。不过呢,老师这样做,是想告诉你,如果你约了人,而又特地提前一点在约定的地点等这个人呢,这是一种对人的尊重和礼貌。以后你长大了,出去约会啊、谈事情啊,如果能早一点到,别人对你的印象会更好。不信,到时候你试试就知道了!"

"钟老师!"程诺的脸唰地红了。钟慎之偷笑:"好了,我不说了。我们快进去吧。"

 隐蔽的小木屋

少年宫坐落于大方市的文化街上。以前学校也组织来少年宫参加过几次活动。少年宫里面有很多大小不同的课室,可供各种学生兴趣班在这里开班上课。如果需要举办大型的演讲活动,就可以去大的演讲厅。室外还有个小型运动场,平时孩子们会在这里踢球或者玩耍,如有大型活动,也会安排在这里。

程诺预定的是 03 号课室，钟慎之让他带路。如果不知道怎么走，就去找少年宫里的地图。

程诺来了几次，还没留意过有什么地图。这会儿他留了心，边走边找，但怎么也没看到哪个角落有地图。两人穿来穿去，没个头绪，偌大的少年宫竟然像个迷宫一样！

程诺垂头丧气的，这时正好一个工作人员模样的阿姨经过，他赶紧跑过去问："阿姨，请问一下，03 号课室在什么地方？怎么走？"

阿姨停下来很耐心地给他讲了一番。他谢过阿姨，依言穿过球场，路过一个小鱼池，再走过一个假山山洞，果然看到一排小木屋。难怪找不到，这么隐蔽！

当停在 03 号课室门口时，程诺和钟慎之都忍不住"哇"地大叫一声，程诺更是双脚一蹦老高，两人都非常开心。

这里的课室都是小木屋的结构，风格类似于民国时期的建筑，闹中取静，显得典雅大方。课室的门上标着深黑色的"03"号数字，下面临时挂了个小牌子，上面写着："Life Skills 生活技能课——钟慎之。"

 沟通第一步

课室内有几张桌椅，风格也非常简朴，完全与科学馆的课室那种轻松明快而设计感强的风格迥异。作为一个初中生，程诺只觉得这种风格虽然平时没有怎么接触，但是倒也新鲜别致。

"程诺，你知道今天要上什么课吗？"

"提升课啊。"

"你知道老师为什么要你来预定课室，并让你来找路、问人吗？"

程诺摇摇头。

"这也就是今天上课的主题：沟通。学会有效地沟通，有助于我们更快地解决问题，处理事情。你打电话预定课室，是要学习与人电话沟通，说明你的用意、你的需求，对方回应你，就是你沟通成功，结果是你成功预定了课室。你记下了课室号码，到了现场却找不到地方，而且又找不到地图，需要去找人问路来达到你的目的。你告诉了刚才那个阿姨你的目的地、你当时的情况，她告诉了你正确的路线，也证明你沟通成功。现在我们身处这间课室，就是最好的结果啦！"

经过钟慎之这么一解说，程诺不由得恍然大悟：哦，原来钟老师是让我提前体验与人沟通的内容呢！

"钟老师，今天就我一个人上课吗？上次那些小伙伴不来了？"

"当然不是。既然是讲与人沟通，自然不能宅在家里自己跟自己沟通，要走出去，走到外面与人沟通，多交朋友，我看他们也快来了。"钟慎之看看表，打开门，果然不远处传来说话声，接着几个人走了进来。

咦！正是上次分在一组的小祥、小武、小花和……那个不爱搭理人的小辉。

"钟老师好！"四人向钟慎之问好之后，小祥、小武和小花看见程诺，也非常高兴。小祥和小武拉着程诺说个不停，小花旁听，小辉呢，只是朝程诺笑了笑，算是打了招呼，便径直找了个位子坐下了。

"好了，大家快坐下来，现在正式开始上课。"

第二章　沟通大解读

沟通，沟为凹陷，通为连接

"今天上的课内容是：如何才能有效地沟通。说起沟通，大家也都知道，刚才大家进来之后互相问好，跟老师问好，问长问短，这些都是沟通。然而，有人擅长沟通，有人却不善于与人交流。因此，学会有效沟通，是很有必要的。"

说到这里，钟慎之看到小辉略有尴尬，也不点破，微笑着继续讲课。

"那么，究竟什么叫沟通？只是跟人说话、聊天这么简单吗？不是的。沟通远不只是说说笑笑。接下来我们先从什么是沟通讲起。"

"活着就要和别人接触","生存就需要与人沟通"。可以说，我们每天的生活就是一个接一个的沟通过程。经由沟通，人能彼此了解，交换信息，互相影响。这样说来，沟通几近乎生存的本能，但沟通得好不好，并不是与生俱来的。

从字面上去理解，"沟"是指凹陷下去的地方，沟与两边有一定的距离，而且是不小的距离，要"通"起来，要主动找些东西来将沟填平，最少也得架块木板、石头才走得过去。而这架板、建路、修桥正包含着"沟通"的要素。

板、路、桥可理解为环境上的沟通，那人与人之间的沟通又需要什么？

 与沟通有关的因素

要知道人与人之间的沟通是什么，我们先要看看，沟通是由一些什么样的因素构成：

我们的身体：它的姿态、形格和移动位置。

* 试想象：一个别转面坐下的人，一个低着头双眼望地的人，一个一手叉腰、一手指向对方的人，一个四处张望、边走边跟人说话的人，会给你怎样的感觉？

我们的价值观：这代表了我们试着去追求我们想要的。

* 评价一下："话不投机半句多"这句含有智慧的话说明了什么？

我们的期待：通过过去的经验搜集大量资料，用在今天的沟通场面。

* 你可能试过：班干部选举结果将要揭晓，你会期待老师宣布些什么？

我们的感观：眼、耳、口、鼻、嘴巴，甚至是皮肤，使我们能去听、嗅、看、碰触及被碰触。

* 思考：沟通是否只是嘴巴说、耳朵听？

我们表达的能力：发音、声线、调子、语句。

* 看到了：要有话好好说，也很不简单！

我们的头脑：也就是我们知识的宝库，所读、所学和所接受过的教育。

* 你知道：什么是"言之无物"、"脑大生草"？

第三章　做个会说话的人

要沟通，当然离不开说。会不会说，能不能说，一部分是先天的（表达丰富、个性外向、口齿伶俐），另一部分却是由后天训练及培养的。环境及其身边的成年人的态度和要求，也会使孩子的表达受到影响。

要做一个会说的人，首要先了解自己的现况，你认为自己的人际沟通技巧如何？在不同情况下有何表现？有什么优点、特点或缺点？

下面我们进入今天的课堂活动。

课堂活动一　自我了解问卷——我的说话和表达能力

第一部分

温馨提示：请仔细阅读每一题的叙述，然后在后面写上4、3、2、1或0；"4"表示此叙述与你的情况非常类似，以此类推，"0"表示一点儿也不像你的情况。

1. 人们常常称赞我的口才好，非常会说话。（　　）
2. 我总是能够自然地与初次见面的人侃侃而谈。（　　）
3. 我曾经仔细地分析与研究自己的说话方式，以及谈话时的优缺点。（　　）
4. 我曾经认真地思考要用什么方式提高我的表达能力与说话技巧。（　　）
5. 我喜欢出席说话的场合，并且能够清楚地表达我的看法和意见。（　　）
6. 我在谈话时，总是让人觉得我很有诚意。（　　）
7. 在谈话的过程中，我总是能够找出一些话题，让谈话愉快地进行。（　　）
8. 有我的场合，很少会有尴尬的冷场，因为我能引导谈话。（　　）

9. 我总是很认真地聆听对方在说什么。（　）
10. 我在谈话的过程中，总是很容易吸引别人的注意力。（　）
11. 谈话时，我总是能够察觉对方的情绪，以选择最适当的谈话内容和方式。（　）
12. 每次说话时，我总是很有自信地、不疾不徐地说出我要说的话。（　）
13. 我总是知道自己要说些什么，也能够让别人清楚地明白我要表达的意思。（　）
14. 我说话时，总是非常有组织和条理，不会东说一句，西说一句。（　）
15. 我说话时，总会留意自己的表情、眼神、肢体语言、声音和语调。（　）
16. 很多人都认为我在说话时很能设身处地替对方着想。（　）
17. 我总是能够和别人畅谈各种话题。（　）
18. 在叙述故事或经历时，我多会用各种手势和表情来加强表达效果。（　）
19. 我常常运用自己良好的说话能力，给别人留下不错的印象。（　）
20. 我觉得口才是我极大的优势之一。（　）
21. 在班上，大家总是很习惯由我代表发言或起来说话。（　）
22. 因为我的幽默感，所以有我在的地方总是充满欢笑。（　）
23. 我很清楚什么样的说话特征会受人欢迎，而我也拥有这些特征。（　）
24. 我总是能够自然、轻松地称赞身边值得称赞的人。（　）
25. 我可以从别人的肢体语言了解他的想法。（　）
26. 我是个非常有说服力的人。（　）
27. 当我讲话的时候，自然会有一种魅力散发出来。（　）
28. 我说话时，有很独特的个人风格。（　）
29. 当我站在众人面前做报告或演说时，总是觉得轻松和自在。（　）
30. 我有很强的分析与归纳能力。（　）

Life Skills 生活技能

第二部分

温馨提示：在四个答案中选出和你的情况最相符的一个。

1. 当别人谈到我的表达能力和口才时：（　）

a. 总是说我是口才相当好。

b. 觉得还不错，可以清楚地表达意见和看法。

c. 比以前有进步，但是还要多加油。

d. 总是说口才是我最大的弱点，要努力加强。

2. 当我在表达快乐或哀伤等情绪的时候，周遭的人：（　）

a. 很容易受到我的情绪感染，跟我产生同样的情绪。

b. 或多或少会受到我的影响。

c. 受到我的影响，但是影响的程度很小。

d. 完全不会受到我的影响。

3. 当我有机会开始谈话时，我会：（　）

a. 先想清楚谈话的目标和自己要说的话，然后说出来。

b. 大概想一下要说什么就说出来。

c. 想到什么就说什么。

d. 尽可能避免在别人面前开口说话。

4. 当我临时被指派上台说话时，我会觉得：（　）

a. 哇！太棒了，一定要借这个机会好好表现一下。

b. 还不错，刚好给自己练习的机会。

c. 糟糕了，我一定会紧张得不得了。

d. 要找尽理由和借口逃避。

5. 当我在一个陌生的社交场合的时候，我通常：（　）
a. 主动地去认识新朋友，并向他们做自我介绍。
b. 遇到必要的时候，才和别人认识，并介绍自己。
c. 能避免就避免，顶多是点头微笑。
d. 躲在角落里，不跟别人接触。

6. 在重要场合说话时，我都：（　）
a. 表现得非常得体，也总是知道什么时候要说什么话。
b. 应对得还不错，不会出现什么大的问题。
c. 勉强上阵，并发现自己的说话技巧真是该好好加强了。
d. 常常手足无措，恨不得找个地方躲起来。

7. 当我在说服别人某件事或某个观念时：（　）
a. 别人总是很容易把注意力放在我身上，而且在不知不觉中被我说服。
b. 要花一番工夫，别人才会被我说服。
c. 常常会说服不了对方，也可能跟对方发生争执。
d. 常常在不自觉中反而被对方说服。

8. 关于如何自我训练，以提升我的口才，我：（　）
a. 知道该怎么做，而且已经着手采取行动。
b. 大概知道该怎么做，但是还没有开始行动。
c. 知道要加强，但是并不清楚怎样进行。
d. 从来没有警觉和想过这个问题。

9. 当我在和别人谈话时,我:( )

a. 能够设身处地替对方着想,具有同理心。

b. 尽可能地注意对方,并且表现得很专心的样子。

c. 常常没有耐心听下去,或是常常不能专心。

d. 常常顾着自己说话,忽略对方的感受。

10. 当谈论我不熟悉的话题时,我通常:( )

a. 先听听别人怎么说,然后很快便能够举一反三,说出自己的看法。

b. 要一段时间,才能渐渐抓到主题,发表一些看法。

c. 直到一定要我说话,我才发表意见。

d. 绝对不发表任何意见,以免出丑。

(计分)"说话能力指数"

第一部分 30 题:每题分数为 0～4 分,请把分数加起来。

第二部分 10 题:a = 4 分,b = 3 分,c = 2 分,d = 1 分。

将两部分的总分加起来,就是你目前的"说话能力指数"。

150 分及以上:你的表达能力和说话技巧已属上乘。

130～149 分:你的表达和口才算是中上。

100～129 分:你应该立即加把劲改善你的口才,以免它成为你成功的绊脚石。

100 分以下:赶紧下功夫改进你的表达能力吧,不然你会因为这方面的不足而吃亏!

# 思考与讨论

在回答上述问卷时,你有什么想法?请写下来。

我的想法:

# 沟通的障碍评估检测表

此表可用于自我评估,也可以用以检测别人,不必打分数,但如果1~4的项目下"□"内都打了"√",那可要注意哦。

1. 个性的障碍:

□ 易于情绪激动或过分内敛。

☐ 过于主观和自我中心。

☐ 内向和拘谨。

☐ 刚直急躁。

☐ 自卑退缩。

☐ 敏感及太在意别人的评价。

2. 能力的障碍

（1）说的能力：

☐ 不会说应酬话、俏皮话或赞赏的话。

☐ 心中有十分，表达不了五分。

☐ 条理不清，重点不明，过于冗长。

☐ 不知如何进行批评、拒绝及责备

（2）听的能力（不是指官能性的听障）：

☐ 听不全。

☐ 听不出重点。

☐ 听不懂弦外之音。

☐ 听不进批评及不同意见。

（3）觉察能力：

☐ 没有了解对方的身份、期望和交谈习惯。

☐ 只顾说话，不理对方反应。

☐ 没有觉察对方的需要。

3. 观念的障碍

☐ 别人应该迁就我。

☐ 冲突是不好的，要以和为贵。

☐ 做人要实在，无须多费唇舌，巧言令色。

☐ 会讲话的人多半轻浮虚假。

☐ 天生木讷，不善言词，多是真诚的老实人。
☐ 不了解就算了，多讲无益。
☐ 无须勉强自己和不喜欢的人交流。
☐ 要独立、有主见，才不会受人伤害。
☐ 言多必失，少说为妙，沉默是金。

4.表达方式及态度的障碍：
☐ 权威、霸道、强迫接受。
☐ 语气太横，说话太直。
☐ 表情严肃，罕见欢容。
☐ 过于理性，不顾情面。
☐ 大言不惭，颐指气使。
☐ 揭穿分析，评价归类。
☐ 怨天尤人，悲观消极。
☐ 言辞闪烁，居心叵测。
☐ 急于表现，抢占发言。
☐ 贬低对方，否定别人。

"好了。看来大家都完成了刚才几个活动。通过以上这一连串的活动，相信大家对自己的沟通能力是好是弱，优点、障碍等，已经有了一定的了解。为了更好地学习与人沟通，下面我将进一步为大家分析沟通的模式，介绍增进各种沟通技巧的方法。"

第四章　沟通模式的分析

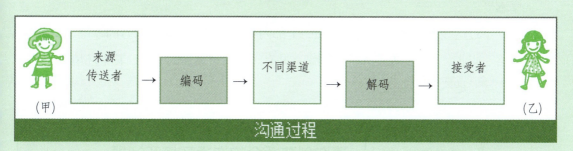

沟通过程

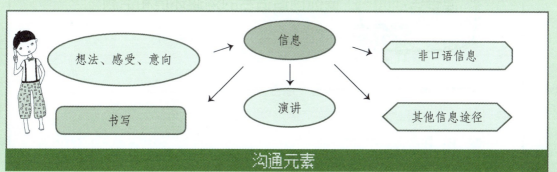

沟通元素

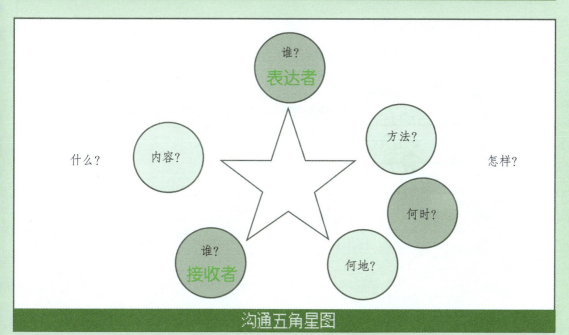

沟通五角星图

沟通模式图、过程事例图和沟通五角星图都显示沟通是一个双向而且具有不同变量的过程。表意者（传送者）所表达的想法、感受或意念能引起受意者（接收者）的注意和响应，以达成沟通的目的，诸如提供数据、影响态度、改变行为及分享感受。

不过这些图仍未全面涵盖沟通的全部内容，这当中还涉及双方的地位、身份、性格、职业、用词、态度和环境因素，并有一些不可预期的干扰。其中环境和非语言的沟通是不容忽视的。

请你创造适合的沟通环境和话题

下面的环境中，是否适合沟通？适合什么话题？

情况 A：在课室内。

情况 B：在宿舍。

情况 C：在老师的办公室。

情况 D：和妈妈在厨房里。

情况 E：在交通繁忙赶路的公交车上。

察言辨色——了解非语言沟通

步骤一：与人谈话时，注意自己的手势、姿态和动作。

步骤二：如果方便，你不妨自己摄录一段说说话的短片，然后分析神情、声调、语气和发音。

步骤三：请你写出下面的非语言信息代表什么。

微笑 _____

皱眉 _____

哭 _____

身体前倾 _____

双手交抱于胸前 _____

斜靠在沙发上 _____

第五章　促进沟通的技巧

技巧一：好好利用身体语言（SOFTEN）

很多研究都显示，我们最有效的沟通技巧不是经由嘴巴表达，而是经由我们的身体来表达的，百分之七十的信息都经由非语言沟通的形式传给对方，那就是常说的"肢体语言"。

SOFTEN 是 6 个英文字词的首个字母组成，姑且译为"软化"。

S —— smile 微笑

O —— open posture 开放的姿势

F —— forward lean 身体稍向前倾（向对方）

T —— touch 接触

E —— eye contact 视线眼神接触

N —— nod 点头

"软化"的表现是一种非语言表达的信息，它会使别人对你更接纳，有较多的回应，因为你的肢体语言在你开口之前已经表达了一个极为友善且愿意与对方沟通的姿态，只要对方同样表达出善意，那么沟通之桥就搭成了！

- 微笑予人的感觉是：友善、好感和嘉许以及基本上认同。
- 开放的姿态给人的感觉是：我现在很好，准备和人接触，你随时可以过来和我交谈。
- 身体稍向前倾给人的感觉是：我对你的谈话感兴趣，并且愿意听得更多、更仔细，鼓励对方继续。
- 接触：在我们的文化中，两人初见最为人接受的接触是握手，代表欢迎及接受，也是安全、积极的建立友谊的方式。
- 视线眼神接触：自然的目光接触是尊重对方，告诉对方我在听并鼓励对方继续说下去。
- 点头：代表你听了并且了解对方的话，或有赞成、同意或嘉许的意思。

注意：首先要明白，这些肢体技巧不能代替语言；其次，就是要自然；第三是不只单独运用一项，而应是一连串的姿势；最后是要出于真诚，这样能够提高你的沟通技巧，减少被拒绝的机会。

技巧二：积极聆听——听比说更难

"钟老师，为什么沟通除了要学说，还要学听？"最顽皮的小武发问了。

钟慎之点点头："没错，你们肯定很好奇，钟老师，你要介绍的是沟通技巧，怎么尽是肢体语言？如果要学会听，那就是说我不懂说嘛！大家别急。你们想想，听多了，不就懂得说了吗？你们小时候是怎么跟爸妈学说话的，你们现在记不起来了吧？"

大家纷纷摇头。

"要知道，做个善于倾听的人，比会说话更难！我们古代有很多谚语、俗语，就说明了这个道理。"钟慎之转过身去，在黑板上写下几个句子：

"这些俗语、谚语,大家回去收集一下,是否还有更多?并仔细想想这些内容给你什么启发。欢迎你们来跟我交流。"

第六章　钟老师的第六个锦囊

"下课前,钟老师再给大家一个锦囊。这次不发信封了,就写在黑板上吧!"
钟慎之又在黑板上写下一个大大的字——繁体"听"字:

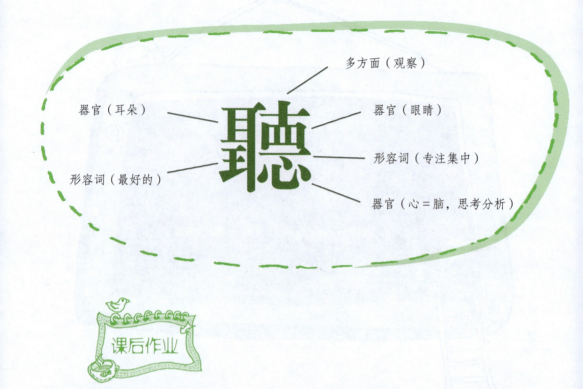

钟慎之宣布下课。程诺忍不住问:"钟老师,今天您没有安排课后作业?"

"程诺真是个勤奋的孩子,呵呵!"钟慎之乐呵呵地说,"今天钟老师带大家到少年宫来,除了上课,还是来玩的。嘘!你们听,现在球场上有一些孩子在打球,还有人在踢毽子。今天的课后作业就是,大家用今天学到的沟通方法,去和这些孩子一起玩。快去吧!"

第六课 学会做决定

人生就是不断地做决定。要聪明做决定，需有理性思考与正确的价值观等作为指引，排除干扰你的繁杂信息。

课后实践五：倾听100分，沟通100分

 家庭爆发大争吵

早餐后，程让和李洁美大吵了一架，起因是讨论程诺升读高中的问题。

吃饭时，程让问了几句程诺最近考试的情况。程诺的成绩在升入初中后便一落千丈，对于一个要求严格的父亲来说，程诺的表现怎么能令程让满意！他严厉地指责了程诺，并且跟李洁美商量说，如果程诺考不上德训的重点高中部，就直接把他送出国去读高中。

李洁美很不满意丈夫对儿子的批评以及他的结论。她认为程让虽然身为父亲，但也无权这样武断地批评儿子。因为作为父亲，他常年在外出差，即使不出差的日子，也经常应酬，很少有时间在家里教导儿子，更别提指导儿子的学习了。他既然没有尽到做父亲的职责，凭什么骂儿子不争气？

"不说其他，昨晚自己喝得那么晚才回来，一大早就在这里教训儿子，你也好意思！而且，你自己没有教好儿子，没有尽到责任，就打算把儿子扔到国外去读书。你知不知道，出国留学并不是一条每个孩子都适合的路，你怎么知道程诺适不适合去国外念书？你怎么知道他去国外一定能过得好，学得好？如果个人没有一定的学习能力和自制力，被你这样扔到国外去，几个月问候一次，一年看望一次，你以为这就是对儿子好吗？"

李洁美又说："你爸妈家的邻居洪太太，上个月我碰见她，她不就是在家专门伺候一家子，带大女儿和儿子，结果怎么样？她儿子高三，准备高考，好不容易一家子出来吃顿饭，气氛也是紧张兮兮、愁云惨雾的。她是说怕洪琪考不上重点大学，也是说送他出国读书。我看她儿子洪琪，面黄肌瘦，心事重重，好像很不开心。看到我们，连招呼也不打，对人爱理不理的，吃个饭跟他妈也没交流。这样的孩子，适合去国外读书吗？你这么随意地送程诺出国，就是对儿子的不负责任！你不配当他的父亲！"

程让被太太这一顿抢白，顿时来气："我还不是为这个家！当初打算创业开公司，不也是和你商量过，大家一致决定的吗？既然决定去做，就要有足够的心理准备！你这是借着儿子的名来骂我没管过家里的事情是吧！我早就和你说过了，我现在忙于公司的业务，公司正在上升期间，前景也不错，我怎么抽得出时间来？所以，我一直希望你能辞职在家，帮忙照顾家庭，教导儿子。是你一直舍不得你那份工作，说什么女性要独立自主，现在儿子搞成这样，你自己不反省，还全怪在我身上！"

李洁美听到老公又把责任推了过来，更加气愤："好啊，你说来说去，还不就是想让我别工作了，在家专门伺候你！你还真会打算！我为什么要为你牺牲那么多！"

……

 流浪的小孩

程诺实在听不下去了，把书包收拾了一下，懒得搭理那两个剑拔弩张的人，转身跑出了门。

程诺一口气跑到大街上。今天是假期，很多大大小小的孩子跟着家长出来玩。别人家都喜气洋洋的，可自己家呢？就像一个快要爆炸的高压锅，闷得人难受！他们两个口口声声都是为了我好，可是，他们有没有问过我的意见呢？有没有听过我的想法呢？程诺郁闷地想着。

站在车水马龙的街头，他心烦意乱，一时竟不知何去何从。去找同学？今天是假期，学校也放假了，没人在。去找爷爷奶奶？算了，他们看到我这么跑出来，肯定以为出了什么事。去同学家？哎，想起那些大人就烦，整天唠唠叨叨的。记得有一次和几个同学去一个叫杨荣的同学家里玩，他爸爸居然信誓旦旦地说，他家是杨家将的后代，口口声声说杨荣是贵族之后，言语之间，暗示他们这些同学能攀上杨荣，三生有幸呢。真是笑死人了，我怎么没看出来这个杨荣有贵族之气？

程诺在街上像个流浪的小孩一样漫无目的地乱走。他之前的同桌宋天，别看他平时吊儿郎当的，其实在家里蛮惨的，以前听他说过好多次，他爸爸很凶，只要宋天犯了错，轻则罚跪，重则挨打。罚跪不轻松，动辄跪上一两个小时，膝盖都跪肿了。挨打就更惨了。有一次宋天在操场上和几个人一起玩，也不知为什么，他父亲忽然杀到，什么也不问，对着他就是一顿拳打脚踢。后来才听说，宋天是偷了他父亲的钱去和同学买吃的。

偷东西当然不对，但他爸也太凶了吧……程诺摇摇头，幸好自己没这么惨，从小到大没怎么挨过打。

但是，爸妈之间经常吵架，也很烦啊。自从程让开始搞公司之后，家庭矛盾就渐渐浮出水面。单是为了李洁美到底要不要辞职做全职主妇的问题，他们就争论了不知道多少次，每一次都没有结论。

既然没有结论，为什么下一次还要争吵呢？哎！程诺真是想不明白。难道，这就是钟老师说的，两个人的沟通出了问题？到底出了什么问题呢？

想到这里，他忽然灵机一动：不如去找钟老师请教一下，商量一下对策。

不请自来的学生

今天本不是上课的日子,程诺也不知道钟慎之是否在家,不过反正不知道要去哪儿,他打算去碰碰运气。

他兴冲冲地来到钟慎之家的大门前,大门紧锁,按门铃也无人应答。钟老师果然不在家!今天运气真不太好!程诺垂头丧气,这下又没有目标了,去哪儿呢?

他又累又饿,茫然不知方向,索性一屁股坐在楼梯间,胡思乱想间,竟然就这么睡着了。

"程诺,程诺!"也不知睡了多久,一阵急促的呼唤声把他叫醒了。

钟慎之拎着一大袋子东西站在他面前:"怎么坐在地上睡着了!小心着凉!"

"钟老师!"程诺一见到她,高兴地立即站了起来,拍拍屁股上的灰尘,"您可回来了!"

"我去买菜了,没想到你会来,早知道我就早点回来了!"钟慎之打开门,程诺随她进了门。

进屋后,钟慎之给程诺倒了杯热水,这才坐在他对面:"程诺,老师没记错的话,今天还不是上课的日子哦,你怎么来了?"

程诺喝了口水,断断续续地把今天发生的事情跟钟慎之和盘托出。

"哦,原来是这样。"钟慎之点点头,"可是,你这么跑出来,也没个交代,你爸妈会很着急的!"

"我走的时候,他俩像两只快打架的猴子似的,脸红脖子粗的,哪里还顾得上我啊!"

钟慎之忍不住笑了出来:"你这家伙!哪有这样说自己爸妈的!没大没小!不过,你这形容倒是挺别致的!"程诺闻言也知道自己失言,笑着吐吐舌头,做了个鬼脸,突然肚子咕咕叫了起来。

"好吧,钟老师去做饭。今天你就在我这儿吃午饭吧。一会儿再聊!"钟慎之起身到厨房忙活起来。

"开餐咯！"钟老师把饭菜端上了桌。两菜一汤,香菇焖排骨、小炒青菜和鲫鱼豆腐汤。钟慎之让程诺先喝汤。

"饭前喝汤比饭后喝汤好,饭前喝汤能够调动起你的胃口来,等你吃饭时,就更好消化和吸收。"

"哇,真好喝!"程诺忍不住赞叹。

"好喝就多喝点!"

吃饭时,程诺想要和钟慎之讨论一下今天发生的事情,以及有关沟通的问题。但钟慎之说,古人有云:食不言,寝不语。吃饭时最好就是吃饭,少说话,不然不利于消化吸收,也不利于长身体。于是程诺便埋头吃了起来。

还别说,钟慎之的手艺还真不错,李洁美做的饭菜味道比较重,而钟慎之的则比较清淡,吃起来别有一番风味。程诺食指大动,连吃了两碗饭。

汤足饭饱,钟慎之让程诺帮忙收拾饭桌,并让他学着洗碗。又折腾了很久,两人坐下来,钟慎之给程诺泡了杯清茶,说饭后喝点茶,可以消食。

无法沟通的父母

程诺拿着杯子,杯子里升腾的热气中,带着茶叶清苦的香气。他想起了自己的父母。"钟老师,您说,我爸妈这样,是不是沟通出了问题?我要怎么帮他们呢?"

"是的。他们之间的沟通有点问题。"

"可是,他们也是各有说法,一直表达自己的意见,为什么结果那么糟糕?"

"你忘啦,上一堂课,老师不是给了一个锦囊给你吗?那个'听'字?沟通＝听＋说,沟通是由良好的倾听和表达共同构成的。如果大家都是只说不听,一来二去便成了争论,谁也听不进谁的意见。这就像你的父母,他们都是急于表达自己的意见,都倾向于'说',你说你的,我说我的,太急于'说',而没有耐心去倾听对方想要说什么,为什么这么说,这么说背后的意思是什么。他们没有静下心来去给对方,也给自己时间,去进行良好的沟通,于是就出现了今天上午的情况。这样的情况以前也出现过吧?"

程诺点点头，沉默不语。

"其实，要解决他们之间的沟通问题，最关键的是要解决他们所面临的困境。他们为什么而争吵？你父亲公司太忙，没时间管家里和管你，你母亲不愿意放弃自己的工作而做全职主妇。对于这些问题，你父母必须要通过协商来解决。其实做大人也不容易啊！要面对这么多难题，程诺，你不觉得做小孩要幸福很多吗？小孩不用考虑他们那些大人要考虑的问题。"

"可是，做小孩也不容易啊，大人们只是考虑自己的想法，他们争来争去，有问过我是怎么想的吗？"

"有道理！所以，这也是沟通方面出了问题——你和你父母之间也存在沟通不良。他们之间沟通不良，也没顾得上询问你的想法，所以，他们和你之间也没有达成有效的沟通。那么，怎么来解决这些现状？"

"你父母之间的问题，且让他们自己去解决吧！他们必须要有所取舍或者牺牲，这些是组织家庭时就应该明白的责任。我们不去管他们之间会怎么样，也管不了，对吧？"

程诺无奈地叹了口气："那么，就没办法了吗，钟老师？"

 释放良性的沟通信号

"当然不是。我们管不了他们，但我们可以做好自己这一部分。从你这一角色中释放出良性的沟通信号，来尝试与他们达成较好的沟通，并且通过与他们的沟通改善，从旁协助他们之间的沟通进行改善。"

程诺听得一头雾水。"什么是良性的沟通信号？"

"简单而言，你今天早上听到他们争吵的整个过程，了解了他们争吵背后的原因是什么。其实，从侧面来说，你已经完成了沟通的一部分——倾听。那么，接下来要做什么？沟通的另一部分——表达。去说，和你的父母说出你的想法。他们没有顾得上问你，你是不是可以主动去跟他们说，让他们知道你心里真实的想法，你到底在想些什么，你想要的是什么。也许，你的表达、你的倾诉会让他们觉得意外——哦？原来我们吵了半天，儿子要的并不是这些。他们也许就会重新思考呢。"

"那么，程诺，你想要什么呢？比如，你父亲决定送你出国留学，你觉得怎么样？有兴趣吗？"

"我……我也不知道，我没想法啊！"

钟慎之笑了，"很正常。所以，这涉及我们下一堂课的内容。不过既然你来了，我们今天就来上这一堂课，而且我想你今天上完课之后，也是用得着的。我们今天的课就是学会做决定。"

第一章　做决定，价值澄清与批判思考

 做决定的前提是价值观

为什么要学习做决定

有人说："人生就是不断地去做决定。"你同意吗？

事实上的确如此，每个人每天都在做大大小小许多不同的决定。有些是"小决定"，如买什么品牌的手机，吃中餐还是吃西餐；有些是"大决定"，如买房子、结婚。像程诺，要不要让父母送他去国外念高中，这对于他来说，就是人生中的"大决定"。

有些人做决定很果断,有些人则犹疑不决;有些人决定后会付诸行动,有些人决定后却后悔。怎样做决定,将直接影响整个人生的质素。

价值观与决定

价值观是一股强大的力量,它指引我们行事,左右我们的选择。清楚了解自己的价值,辨别重要和不重要的事,知道自己真正在乎什么,能以什么作为终极追求,对我们做决定会大有帮助。

课堂活动一　你的三个决定

内容:请写出你今天做过的三个决定。

1._____

2._____

3._____

请问你是基于什么原因／原则做这些决定的？

_____

_____

_____

 九个留言

今天你在上课时，收到九个留言，有空的时候你会先处理哪些？请排列顺序，并加以解释。

1. 学校的一位老师留言要见你，但没说原因。
2. 一位陈女士找你，没说明是谁，只有电话号码。
3. 好友小琴请你3点到美味轩吃雪糕（现在是2点45分）。
4. 心仪的海外学校中介人来电约你面试。
5. 爸爸留言，祖母意外入医院。
6. 班上你喜欢的男／女同学的留言。
7. 补习老师致电，要复电。
8. 同学会通知筹备庆祝活动，约开会日期。
9. 体育馆管理员通知你，你的储物柜被盗。

排列次序：_____

原因：_____

_____

第二章　做决定的 N 种方法

"程诺，一个人要做决定，的确不容易。像你，到底要不要去国外念书？你也不知道，是吧？然而，要做好的决定更不容易！"钟慎之拿出一沓资料，"我这里有一些做决定可能用到的方法举例，在这些做决定的过程中，你使用过哪几种？哪种较常用？又或者，哪种对你而言是较有效的？"

1. 投骰子法。
列出各种可供选择的项目，然后掷骰子决定（情境一）。
优点：＿＿＿＿＿＿＿＿＿＿＿＿＿＿＿＿＿＿＿＿＿＿＿＿＿＿＿＿
缺点：＿＿＿＿＿＿＿＿＿＿＿＿＿＿＿＿＿＿＿＿＿＿＿＿＿＿＿＿

2. 选其容易者。
选择容易实行的项目执行（情境二）。
优点：＿＿＿＿＿＿＿＿＿＿＿＿＿＿＿＿＿＿＿＿＿＿＿＿＿＿＿＿
缺点：＿＿＿＿＿＿＿＿＿＿＿＿＿＿＿＿＿＿＿＿＿＿＿＿＿＿＿＿

3. 陈述法。
假想在朋友面前，逐一陈述选择该项目的好处，等待最终决定（情境三）。
优点：＿＿＿＿＿＿＿＿＿＿＿＿＿＿＿＿＿＿＿＿＿＿＿＿＿＿＿＿
缺点：＿＿＿＿＿＿＿＿＿＿＿＿＿＿＿＿＿＿＿＿＿＿＿＿＿＿＿＿

4. 酸葡萄法。
痛陈每一个选择的害处，看自己比较能接受哪一项（情境四）。
优点：＿＿＿＿＿＿＿＿＿＿＿＿＿＿＿＿＿＿＿＿＿＿＿＿＿＿＿＿
缺点：＿＿＿＿＿＿＿＿＿＿＿＿＿＿＿＿＿＿＿＿＿＿＿＿＿＿＿＿

5. 理想答案法。

先不理会各选项，以思考或讨论方式产生理想答案，再逐一核对各选择，看哪一项与理想答案更接近（情境五）。

优点：_____

缺点：_____

6. "如果/万一"法。

为各选项提出"如果/万一"的问题，看哪些项目遭否决（情境六）。

优点：_____

缺点：_____

7. 列表法（情境七）。

	特点	特点	特点	特点
选项				
选项				
选项				
选项				

优点：_____

缺点：_____

8. 三宗罪法。

用人性的三宗"罪（特征）"（例如，害怕、贪婪、懒惰）来衡量每一个选项（情境八）。

优点：_____

缺点：_____

情境一中，叔父给你庆祝生日，你会选其中哪一项作为礼物？

a. 新鞋

b. CD

c. 美食

d. 新书

e. 香港一日游

f. 唱K

情境二中，你最要好的朋友与你不喜欢的人结伴外出，你怎么办？

a. 不当一回事

b. 询问他／她

c. 跟他／她吵

d. 警告你的好朋友

e. 与他／她绝交

情境三中，假如你大学毕业后任职保险公司，有以下选择，你如何做决定？

a. 增加收入

b. 缩减工时

c. 延长假期

d. 有薪补假

情境四中，神仙给你一个赏赐，你要什么？

a. 聪明

b. 美丽

c. 富有

d. 艺术天分

情境五中，区内有一块空地，可用作什么？

a. 停车场

b. 建房

c. 公园

d. 游乐场

e. 市场

情境六中，父亲获派出国担任高职，你会怎么做？

a. 高兴

b. 反对

c. 要求与父亲一同前往

d. 认为父亲不理家庭

情境七中，你父亲的旧车将要检验并付费维修，你会建议他怎么做？

a. 维修

b. 买新车

c. 买二手车

d. 偶尔租车开

e. 长期租车开

f. 以后不用车

情境八中，独居的奶奶无人照顾，你会建议父母怎么做？

a. 维持不变

b. 送养老院

c. 让她搬来同住

d. 雇请保姆照料

第三章　抉择的艰难过程

做决定，在很多情况下，是面临抉择。很多人有这样的一种体会，当选择只有一种时，可能会更快做出决定，而当选择多了，有了备选，反而会左思右想，辗转反侧，不知道选哪个好。所以说，抉择本来就是一个艰难的过程。

上面的决定情境及列举的方法大致反映了下表的做决定的过程，不妨边看边回想一下。

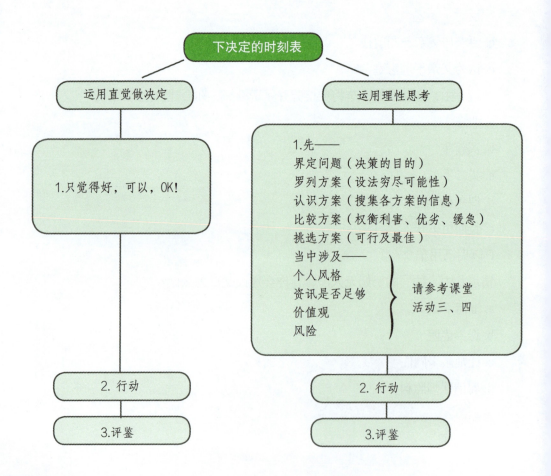

课堂活动三 理性思考做决定涉及的项目
——个人风格和价值观

内容：请参考下列选项，思考一下自己的价值取向，选择几项与其他人分享个人观点。

有关个人风格、气质与人生哲学的价值观的：

1. 安全对刺激。
2. 稳定对变化。
3. 因循对创意。
4. 目标本位对享乐与游戏。
5. 繁缛对简单。
6. 精神主义（冥思、直觉、神秘）对经验主义（科学方法、实证）。
7. 宗教对自然。

有关效益与人际关系的价值观的：

8. 经济利益（对金钱与财富的看法如何）。
9. 成就与事业（会否牺牲家庭与朋友）。
10. 社会效用（对本人或社会是否有用）。
11. 利他主义（为了集体，能否牺牲自己）。
12. 权威（能否认同某些理念而放弃自己的选择）。

你对上述项目有什么观点、立场和取向？
在成长的过程中，你的价值观有没有转变？什么转变？
别人的价值观与你的是否一致或接近？是否相反或相距甚远？
与众人的价值取向接近（或相反），你有什么感觉或想法？

课堂活动四　资讯越多越好?

请你回答以下问题：

1. 你喝咖啡吗? ☐ 是　☐ 否

2. 如果你选"是"，那么你是喝咖啡因还是不含咖啡因的咖啡?
☐ 含咖啡因　☐ 不含咖啡因

3. 如果你选"是"，喝咖啡的频率如何? ☐ 偶尔　☐ 时常

4. 写下你回答以上问题的理由：

_____

5. 咖啡因对你的健康有害吗? ☐ 有　☐ 没有　☐ 也许有

6. 不含咖啡因的咖啡对健康较无威胁吗? ☐ 是　☐ 否　☐ 也许

7. 你以后还会喝咖啡吗? ☐ 会　☐ 不会　☐ 也许会

以下是咖啡对健康的影响的研究报告。看完研究报告后，请再重做第5～7题。

· 《纽约时报》曾报道咖啡因可帮助心脏病患者减轻其症状。

· 加州大学柏克莱分校的研究指出，咖啡因不会改变心跳速度、新陈代谢、血糖浓度与胆固醇。

· 斯坦福大学研究指出，不含咖啡因的咖啡会使血液中的胆固醇含量增加7%。

· 波士顿大学医学院指出，若每天喝五杯以上的咖啡（不论有没有咖啡因），可使结肠癌患病率减低40%。

· 1990年10月，哈佛大学在对45 589位男性进行研究后指出，喝含咖啡因的咖啡不会使人较容易患有心脏方面的疾病，反而是常喝不含咖啡因咖啡的人较易患心脏病和中风。

现在请重做第5～7题：

5. 咖啡因对你的健康有害吗? ☐ 有　☐ 没有　☐ 也许有

6. 不含咖啡因的咖啡对健康较无威胁吗？ □是　□否　□也许

7. 你以后还会喝咖啡吗？　□会　□不会　□也许会

（选自《创意决策》，有改动）

以上的问题和材料给你什么启示？

只有一个表的人可以确定现在是什么时间；拥有两个表的人，则永远无法肯定现在几点。（莫非定理）

由上面的课堂互动，我们可以知道，有很多资讯都是互相矛盾或反映不同的立场、不同的价值取向，还受到不同时代、文化、政治、经济等因素的影响，尽管我们用了理性思考的模式做决定，但那是远远不够的，我们仍需就所得来的资料、信息做批判性的思考，才能正式采用，以保证判断无误、无悔并能付诸实践。

第四章　批判性思考的两大环节

在做决定的过程中，特别是抉择的过程中，因为面临选择，我们往往需要判断这些选择的价值性，判断其对自己、对他人的利弊，以此来促成自己的决定和选择。在判断的过程中，我们除了从价值观方面看，还要进行批判性思考。

这里所说的批判，不是简单的指责或者否定的意思。"批判"一词源于希腊语Critic，意思是质询、认识、分析。我们正是要通过疑问，认识世上万事万物和种种人的行为，让分析和判断来检查自己和他人的思维，同时帮助自己做出正确的、良好的决定。

批判思考不仅指一种思维方式，而且泛指对包罗万象的世界进行认识的所有思维方式的总和，包括以下列出及未能列出的各种方式：

1. 能动性思维。

主动去理会问题而不置身其中,自己动脑筋而不是坐等别人告诉你该怎么想,坚持有关的思维活动,不因无趣或困难而放弃。

2. 独立思考。

不只是停留在接受别人意见的水平上,而是要能够检查别人的意见是否正确,确定别人的意见是否对我们有意义。在仔细思考别人的意见后,自己做决定。

3. 仔细研究。

在进行批判思考时,也就是在仔细探究我们所处(或希望处于)的境况或研究我们正在讨论的主题。

4. 乐于接受新事物及新观点。

一个人不能故步自封,也不可能万事皆通,故具有批判思考能力的人必然乐意接受新事物和观点,考虑他人的意见和想法,以求事事俱到。

5. 以论据和实证来支持自己的观点。

对某一个问题仅只有自己的看法和主张仍然是不够的,我们必须用能够支持自己看法和观点的所有信息(研究、数据、事实和资料)来说明它。

6. 有条理地讨论各自的想法。

讨论时要互相倾听,不要只竭力使别人信服只有自己才是正确的,因为正确的可能不止一个。此外,讨论时要抓住重点,不要东拉西扯,远离主要问题。

由此,我们可以总结出,批判思考的两大环节就是——意向和能力。

课堂活动五　你是一个善于批判思考的人吗?

请看下列由 Ferrett（1997）提出的各项批判思考者的特征，把每一项英语原文中的精要用中文写出来，然后给自己一个评价（在"良"、"可"、"劣"中的一格打上"√"号）：

批判性思考者的特征	良	可	劣
提出适当的问题			
评估观点及论据			
接受不明白或信息不足			
有幽默感			
乐于寻找新的解决方法			
能清楚列明用心分析意见的评估及考核准则			
愿意依据事实来审核信念、假设和意见			
细心聆听别人并做出回应			
将批判性思考视为个人终生的自我评核过程			
等到所有相关事实和资料备齐后才下结论			
为假设及信念寻找事实支持			
当新的论据出现后，能调整个人意见			
为个人看法寻找证据支持			
切实地检查问题			
能拒绝及排除错误或无关的信息			

总的来说，你认为自己在批判思考方面的表现如何（优点和局限）?

"总而言之,要做好的决定、正确的决定,首先要形成良好的价值观。就像航海的人,首先要用罗盘搞清楚方位,才能扬帆起航。一个好的价值观,就是你做决定、选择过程中的罗盘或者指南针。而批判性思考的运用会帮你尽量找出所面临问题的困惑、不足或者潜藏于其中的一些蛛丝马迹。这些也会在你做决定的过程中,发挥一定的作用。"钟慎之说,"今天的课就到这里吧。"

"这么快!"程诺惊呼。

"呵呵,俗话说,师傅领进门,修行靠个人。做决定,主要还是要靠你自己去实践、体会、练习,老师能教的很有限。程诺,你来老师家也有几个小时了,你猜,你父母在做什么?他们会不会出去找你啊?"

程诺这才想起来,是啊,连午饭都没回家吃,不知老爸老妈吵完架了没有,有没有担心自己呢。

"今天的课后作业,就是让你赶快回家,按照我们刚才学的内容,释放出良好的沟通信号,把你做的决定、你的想法告诉他们,帮助他们缓解矛盾。不过,还有一点要记住,做决定不一定是立即就要做到的任务。假如你觉得这个决定还需要更多的思考与讨论,那就假以时日,再去做好这个决定,比如你要不要去海外念书。你认为呢?"

程诺深表同意。

"走吧,钟老师送你一程。其实啊,程诺,你把自己的角色扮演好了,做好你自己的本分,你父母认为你没有问题了,也就不会有那么多矛盾了。你说,身为学生,你的本分是什么?"钟慎之边说边准备出门。

"是努力学习吧?"

"答对了!100分!"

Life Skills 生活技能之梦想课

你将来到课程的终极篇，却是你对未来憧憬的开始。定下目标，向未来进发！

第七课　你的人生你做主
第八课　你掌握了攀登人生高峰的要诀

第七课　你的人生你做主

学会时间管理的魔法，规划时间，善用闲暇，做时间的主人。

 **课后实践六：程诺的决定**

 难以启齿的决定

争吵过后，表面上看起来仿佛是多云转晴，但是程让和李洁美心里，总是有那么点别扭，彼此相对着也基本无话。家里气氛淡淡的，倒让程诺开始思考如何做决定的问题。

自从程诺带着钟慎之的嘱托回到家后，这几天都琢磨着怎么与父母达成有效的沟通。

难道走到老爸面前，信誓旦旦地说，"老爸，别担心，我一定会考上德训的重点高中部"？怎么开得了这个口啊？

难道把老妈拉到一边，撒娇地说，"老妈，我不想去国外留学，我舍不得您啊"？想想都觉得别扭！

然而，钟老师说了，沟通要达成，就要做到倾听和表达，不把自己的想法说出来，爸妈又不知道，那样，下次还是会吵架的。

可是，程诺不是一个爱说话的孩子。他想了这些天，还是怎么都相信自己不是那么差劲的，就算是要出国留学，他也不想现在就出去，好像感觉什么都还没准备好。可是，这番话，要如何说服父母，让他们对自己有信心呢？该怎么去沟通，怎么去告诉他们自己的决定呢？

一封从远方寄来的信让困境中的他豁然开朗。

 ## 远方的来信

信是正在北京读大学的程谅寄来的。当程诺在教室里拿到谅哥哥这封信时，激动得不知说什么好。他小心翼翼地拆开信封，生怕弄破了里面的信纸。要知道，谅哥哥可是他的偶像啊！这些天的苦恼让程诺很煎熬，思前想后，还是毫无头绪。他又不好意思再去麻烦钟慎之，于是提起笔给程谅写了封信。没想到谅哥哥这么快就给他回信了！

在信中，程谅说收到了程诺的来信，也收到了程诺随信寄来的苦恼。他很明白程诺的烦恼所在，也明白做决定不是一件容易的事情。因为人的一生都在不停地做决定，或大或小，或轻或重，无穷无尽。

像他自己，在程诺这么大的时候，就面临着是继续升高中，还是辍学去打工的抉择，因为家境困难，两个妹妹也都在读书，父母负担很重，身为长子，总该为父母分忧，而不该加重负担，因此，他也曾动过辍学的念头，但是父亲死活不肯，说宁肯砸锅卖铁，也要供他念书，只要他好好学习。

到了高三，又面临考什么大学的选择。他曾经想过报读一所本省的大学，离家里近，放假可以多回家帮忙。然而，学校对他做出的保送北京顶尖学府的决定，又改变了他自己之前所做的决定，而父母也支持学校的决定——要知道，这对于准备升大学的高中生来说，是莫大的荣誉！保送生即是免考生，只有特别优秀的学生才能获得这一资格。所以，在读什么大学和什么专业方面，最后是外在力量帮他做了决定。

因此，有时候，做决定还真不是一个人的力量就可以达成的。特别是当自己还是个未成年人时,往往是你的父母帮你做了决定。而你自己的决定也未必成熟,所以,有时候多听听父母、师长的意见,也是好的。

"到了现在,我已经是成年人,读大三了,即将进入大四。我又将面临选择和做决定。第一个面临的抉择是:毕业之后,我是继续读书,还是去工作?这一次,我自己做了决定,决定出去工作,开始自力更生,并且能够减轻家庭负担,而我父亲也没再干涉我,为什么?因为我已经是成年人,有了自己的判断能力,有了批判性思维和稳定的价值观,未来的路还得靠我自己去走,父母没有办法跟我一辈子,帮我决定一辈子。"

"另外一个面临的抉择是:去哪里工作?留在国内还是去海外?因为我们学校每到学生毕业的时候,都有很多的跨国企业来开招聘会,有不少学生一毕业就出国去工作了。优秀的学生更是早早就拿到很多offer(录用通知)。像我自己,现在也收到了一些公司的来信,希望我去他们公司工作。因此,我现在面临最大的选择就是,去哪里工作,在中国还是去国外。但这些,也必须我自己去决定。哥哥说了这么多,你明白了吗?"

无法表达,那就表现

"程诺,其实你真的很幸福。你生活在一个无忧无虑的环境中——相对于哥哥而言。因为你不必担忧经济,不必担忧没饭吃没学上,没有客观因素会影响你求学、上进。所以,你唯一要考虑的就是主观因素,也就是你自己,你只需搞定你自己。也就是说,你只要自己好好学习、健康成长,便足矣。"

"关于你来信中提到的问题,你不知道如何做决定。哥哥在你这么小的时候,没有面临过是否可以出国留学这样的选择,所以也不好帮你做决定,而你,在你还无法做出成熟决定的年纪,与父母、师长多多沟通、商量,也许更为明智。"

"你觉得你跟父母难以沟通,这是到了这个年龄的孩子普遍面临的一个处境,我很理解。我觉得,如果你认为有自信考上重点高中,你有底气,那就表现给你的父母看,让他们对你有更多的信心。这样,他们也许就不必这么焦虑了。等你有了自信，你的父母有了信心，你们再来谈论是否要出国留学的问题，这样来做一个决定、做一个选择，便不是基于逃避现状而做的没有办法的选择，而是让你过得更好、走得更远、发展更广阔的一个好的选择。你明白吗？

"程诺，男孩子要顶天立地，将来你要成为一名男子汉，因此，不必拘泥于形式，如果你觉得无法表达、无法用口来说出你的想法、你想告诉父母的话，那么，你就直接表现给他们看！像哥哥这样，在北京读大学，城市里面有很多的诱惑、很多刺激，但是我的父母对我很放心，因为他们这几年看到了我的成熟和表现，相信我有能力做出深思熟虑的决定，现在面对毕业的去留问题，他们让我自己决定。这就是父母对我有信心的体现。相信通过你的努力、你的表现，你也可以做到。那么，现在就从改变你的学习态度、改变你的生活习惯开始吧！"

程诺捧着这封写满了几张信纸的信，心潮澎湃，难以平复。谅哥哥一直是他的偶像。而今，程谅的字字句句，就像音乐一样，在耳边回响：你只需要搞定你自己，如果你无法表达，那就表现！

程诺忽然发现，程谅的很多观点和钟慎之有异曲同工之妙，要做决定，看来不是一件容易的事情啊。而且，在这些决定的背后，还要考虑很多因素，难怪钟老师在上一堂课的最后跟他说，有些事情如果一时无法决定，不如假以时日，多加思考与讨论之后，再来决定。

谅哥哥说的没错！程诺做出一个决定：就先从"搞定"自己开始！

然而，要如何"搞定"自己呢？

第一章　时间如流沙

 悲惨的看牙医经历

钟慎之打来电话，让程诺到医院去找她。

医院？程诺摸不准钟慎之这葫芦里究竟卖的什么药。钟慎之给他的印象就是不按常理出牌。这次，钟慎之又有什么特别的安排呢？

　　从小到大，程诺最不喜欢去医院了。每次去医院，准没好事，不是吃药，就是打针；要是去看牙科，更惨！每当一坐上牙科诊室那张牙椅，程诺就开始哆嗦，一种发自内心的恐惧感就迅速蔓延到全身，不出意外的话，一会儿就会有剧痛袭来——拔牙啦、补牙啦、打麻药啦，用那些冰冷的仪器，像针啊、镊子啊之类的在口腔里掏来钻去，难受极了！看牙医就是个受罪的过程，看到牙医的白大褂，程诺就恨不得躲到厕所里不出来了！

　　想起《蜡笔小新》里面，小新也害怕看牙医，但只要有漂亮的牙医姐姐，他就不那么害怕了。可是，程诺看到的牙医都是穿着白大褂，戴着口罩和帽子，只看到两只眼睛的模样，漂亮与否还真抵不上什么作用啊！看牙医，惨啊！

　　这会儿想到看牙医，腿肚子又开始哆嗦了！哎哎，想到哪儿去了，我是去医院找钟老师的！程诺赶紧稳定心神，一看时间不早了，赶紧朝医院进发。

　　医院里面永远都是人满为患。远远地，看到一个背着书包的小身影靠近，钟慎之微笑着招招手。

　　原来，钟慎之的朋友在医院住院治疗，她来探望病人，恰好今天是上课的日子，她便把程诺叫了过来。

　　"钟老师，那您的朋友怎么样了？"程诺关切地问。

　　钟慎之暗暗高兴，这孩子已经懂得关心别人了。"刚去看过她了，情况还算稳定。我就出来等你了。走，我带你去急诊科走走。"

 ### 急诊科的一幕

　　"啊？去急诊科？钟老师，您……您有什么不舒服吗？"程诺着急了。

　　"哈哈，傻孩子，没有啦，我很高兴你这么关心老师。不过，今天既然来了医院，我想带你去急诊科参观一下而已。"

　　"哦，还好，吓死我了！"程诺惊魂未定。

钟慎之活动活动手脚，昂着头夸张地说："别看老师年纪比你大这么多，老师可健壮着呢！老虎都能打得倒！"

说笑间到了急诊科门口。

通常医院的急诊科都坐落于医院的第一层，但不是中间，而是侧边，这样设计的原理是便于救护车通行和患者来往穿行。钟慎之一边介绍，一边引导程诺来到急诊大厅的外面，找了个比较空旷的地方站着。

程诺正不知他们这样站在外面是为了什么，就听到一声声急促的车辆鸣响声，果然一辆白色救护车风驰电掣般驶了进来，停在了大厅外。接着，车门打开，从里面跳出来一位穿白大褂的医生、一位护士姑娘，还有两位男护工。他们迅速从车上抬下来一副担架，担架上躺着一位老人家，脸上被戴了一副像面罩一样的仪器，一脸痛苦。说时迟那时快，几乎是与此同时，从急诊科侧门奔出几个人，推着一张活动的病床，他们用迅雷不及掩耳之势将老人家转移到病床上，医生立即对老人家进行了初步的检查，然后对几个护工做了个手势，护工们就立即将病床从侧门推了进去。这一切，从开始到完成，不过用了几分钟的时间，程诺却完全看呆了，直到那张病床消失在侧门口，消失在他的视线里。

 时间就是生命

"程诺，看到刚才那一幕，你有什么感受？"

程诺惊叹："太快了！而且，他们配合得好默契！好像一切都是设计好了！"

"就像行云流水一样。"钟慎之补充，"事实上，这样的场景，每天在每家医院都要上演很多很多次。急诊科是每家医院里节奏最快、最繁忙的地方。也是最具挑战性的地方。为什么他们要这么快，这么争分夺秒？因为他们要争取时间。"

"有句谚语说：'时间就是生命。'在医院里，特别是急诊科，你能体会最深。时间对于这些病人，真的就是生命。而对于医护人员来说，要争分夺秒，争取这点时间，也是为了挽救更多的病人。在这里，你会觉得，时间对于每个人都是那么宝贵！如果用好有限的时间，对于这里的人来说，结果也许会大相径庭。程诺，你能体会吗?"

程诺点点头:"钟老师,您带我来,就是为了让我体会时间的可贵吧!"

"没错,除了让你领悟时间是多么可贵之外,我还想让你知道,善用时间,结果会完全不同。你看,这些医护人员,他们配合默契,衔接自然流畅,这其实就是时间管理做得非常好!如果拖拖拉拉,我想,我们今天看到的会是另外一幕吧。"

原来如此!

 时间都去哪儿了

钟慎之带着程诺离开了医院。

"钟老师,现在我们去哪儿?"

"去博物馆上课。"

"哦,今天的课上什么内容呢?"

"就是你刚才在医院急诊科外面体会到的内容啊!"

"啊!时间!"程诺一拍脑袋。

"时间管理,如何做自己时间的主人。"

两人边走边聊。钟慎之问起程诺是怎么处理之前父母对于他是否留学的意见分歧的。

程诺把程谅来信的事儿跟钟慎之大致说了一下,并告诉她,自己看完信后,做出了一个决定:要搞定自己。要相信自己的能力,并将自己这种能力和自信表现给父母看,让他们增加对自己信心。

"很好啊!这个决定老师也支持!那你打算怎么做呢?"

"我想做的事情很多,但是不知道为什么,做了这个就做不了那个,好像每天都很忙,比如说,早自习要背书,但我又想去跑步;中午吃完饭想睡觉,但又觉得应该背单词;到了晚上,想做功课,但是……总之,就是觉得很苦恼啊。"

"好,你的问题很实际。正好,我们今天要学的是时间管理,等学完之后,再看看是不是可以解决你刚才的问题。"

时间博物馆

转眼到了博物馆。钟慎之带程诺拐进了正馆旁边的一个小展厅,门口小小的牌子上写着:时间博物馆。

"咦?时间博物馆!时间还能被用来展览吗?!"程诺觉得太不可思议了。

"当然可以啊。要知道,世界上没有什么事情是一定不可能的。到底怎么样,咱们进去看看就知道了。"

走进去才知道,原来时间博物馆里陈列的都是从古至今,各种用来计量时间的工具。从陈列品以及介绍才知道,中国古代的计时器最早始于战国时期。其中有的采用流体力学的原理计时,如刻漏和沙漏;有的采用机械传动结构来计时,如浑天仪等;还有运用一些自然原理来计时的,比如燃香计时;还有像古语说的:日出而作,日落而息,其实就是根据太阳的起落时间来计时,等等,形式丰富。

到了近代,渐渐出现了钟表等计时工具。如今的计时工具越来越多,手机、钟表、电脑……各种现代化的计时工具充斥着我们的生活,而我们有没有比过去更加懂得珍惜时间呢?

程诺看着一个古代的沙漏,看着沙子一点点地往下坠,过了一段时间,又翻了个身,下面的瓶身跑到上面来,沙子又重新往下坠……如此反复,时间就这样一点点地过去了。

"有人说:时间如流沙,抓不住,留不下。说的就是这样一个感觉吧。这是提醒我们,要珍惜时间,不要以为时间很多,其实人生苦短,就像这个沙漏一样,一晃儿就过半了。程诺,你还年轻,更加要珍惜时间啊!"

是的,要珍惜时间。因为,时间如流沙,抓不住,留不下!

第二章　你是否浪费了时间

 时间的特征

走出展厅，旁边有个小公园，钟慎之和程诺走到小公园内的凉亭里歇息。今天的课程也正式开始了。

"程诺，今天我们去了两个地方。首先去医院急诊科，去体验争分夺秒的感觉，去体会时间就是生命。刚才又去了时间博物馆，去看时间的流动是不因任何因素而停顿的，就像沙漏，它永远不会停止——时间如流沙，抓不住，留不下，去领悟珍惜时间是多么重要，因为时间不会为你而停下，它只会一直向前。现在，我们来具体谈谈时间这个话题。"

有人说："世界上最公平的东西是'时间'，因为每个人每天都是只有24小时。"你同意吗？你对时间这一个词究竟有怎样的概念？时间的特质是怎样的呢？

请你想一想，如果要你用文字来形容时间，你会写下怎样的句子，或想起了哪些与时间相关的文句、诗词、谚语、俗语、座右铭？

为什么会有这么多和时间相关的话语？这说明了时间的重要性。那么，我们对时间的认识是否足够，是否足以让我们能好好把握、善用和管理好它？

事实是：要管理和善用某一事物，必先了解此事物它有什么特征？

课堂活动一

对时间的特质进行分析。

1. 没法储存。

因素：_____

同意／不同意：_____

2. 没法停止。

因素：_____

同意／不同意：_____

3. 没法修改。

因素：_____

同意／不同意：_____

4. 没法增值。

因素：_____

同意／不同意：_____

5. 没法交换。

因素：_____

同意／不同意：_____

还有：（请写下你对时间的其他特质的分析）

_____

_____

课堂活动二　对时间的"创意"了解

　　下面有很多组题目,你可以随意找一两组去发挥一下想象;或者,以先后顺序进行想象与探讨。

1. 一块只值 20 元人民币的石英表 / 一块价值 30 万的进口名表
2. 数字手表 / 挂墙大钟
3. 手表 / 速度计(咪表) / 指南针
4. 一炷香 / 一根蜡烛
5. 总结记事本 / 日记本 / 电脑
6. 日晷 / 沙漏
7. 坐在计程车上的乘客 / 公园绿道上的游人
8. 奴隶 / 主人
9. 上班族 / 退休银发族
10. 两块手表一人戴 / 两块手表两人戴

　　*以上的想象及讨论并没有确切的答案,它只让你对时间这一名词有更多、更广阔和不受限制的理解,同时也让你从不同的角度去看时间以及时间管理上的演变。

第三章　为什么留不住时间

　　"古人常说'一寸光阴一寸金',现代人的生活更是'争分夺秒'。但我们真的很珍惜光阴、时间,又善用了时间了吗?就像你,程诺,你想搞定自己,你的计划却让你忙得晕头转向，脚不沾地，但你却还是觉得很多计划不能完成、做了这件事就丢了那件事。为什么会这样事与愿违？不用担心，老师这里有一份问卷（课堂活动三），做完之后，可能对了解你未能珍惜时间的原因有帮助。"

 **你是学习狂吗？**

请坦诚回答 1～10 题，在是或否的括号里打"√"。
1. 不论你多晚才就寝，你是否经常都坚持早起？　　　　　　是（　）　否（　）
2. 假如你单独用餐，你是否边吃边阅读或是边吃边学习？　　是（　）　否（　）
3. 你是否每天都编排当天的学习表？　　　　　　　　　　　是（　）　否（　）
4. 你是否觉得"无所事事"是一件难以忍受的事？　　　　　　是（　）　否（　）
5. 你是否精神奕奕而且富有竞争力？　　　　　　　　　　　是（　）　否（　）
6. 你是否将周末或假日用于学习？　　　　　　　　　　　　是（　）　否（　）
7. 你能否随时随地学习？　　　　　　　　　　　　　　　　是（　）　否（　）
8. 你是否担心假期的到来？　　　　　　　　　　　　　　　是（　）　否（　）
9. 你是否感到无暇享用假期？　　　　　　　　　　　　　　是（　）　否（　）
10. 你是否真正喜爱你的学习？　　　　　　　　　　　　　　是（　）　否（　）

上面十个问题的答复之中，假如含有八个或八个以上的"是"，则表示你具有强烈的学习狂倾向，你会因沉迷/专注于学习而忘了时间。

看完这个问卷，程诺觉得这份问卷应该让爸爸来做更合适。不过，他还是认真地完成了。

课堂活动四　拖延程度的测验表

其实，很多时候，我们没有能够很好地珍惜时间，是因为我们不知不觉养成了一种拖拉的习惯，现在心理学界称之为"拖延症"，这是一种很普遍的心理现象。这种拖延症导致了我们没有善用好时间，让时间在不知不觉中溜走了。通过下面的表格测试，可以看看你的拖延程度到底有多严重。

		极同意	略同意	不同意	极不同意
1	为了避免对棘手的难题采取行动，我于是编造各种理由和借口				
2	为让困难的事项可执行，对执行者施加压力是必要的				
3	我采取折中办法以避免或延缓不愉快和困难的学习和工作				
4	我遭遇太多妨碍我完成重大任务的干扰				
5	当被迫做一项我不喜欢的决策时，我总避免直截了当的回复				
6	我对重要行动计划的跟进工作不予理会				
7	我试图让别人执行不愉快的事项				
8	我将重要的学习或事项安排在下午、黄昏或带回家去，以便在晚上甚至周末处理				
9	我过分疲劳/紧张/泄气，以致我无法处理我所面对的困难任务				
10	在着手处理一件艰难的任务前，我喜欢清理桌上的每一个物件				

＊极同意4分，略同意3分，不同意2分，极不同意1分。将各题分数加起来，总分愈高，你的拖延程度愈高。

通过上面两个活动，你现在明白为什么人会不珍惜时间了吧？因为人对苟且拖延的宽容！

一般人都很容易：

·将费时的事摆一边，先做可以马上完成的事。

·将厌烦的事摆一边，先做喜欢的事。

·将艰难的事摆一边，先做简单的事。

·将未曾做过的事摆一边，先做自己会做的事。

·将重要的事放一边，先做琐碎的事。

第四章　时间管理的魔法

人人都需要时间管理

试想想，如果上述的五点都出现在你身上，会有什么后果？所以，我们必须学习时间管理。有关时间管理的学问大得很，传统的时间管理理论非常简单：在最短的时间内做最多的事。将这套理论放在现今的科技世界里就更简单，将今天、这个星期、这个月的事写在记事本里或输入电脑、手机的系统中，然后尽可能在今天、这个星期、这个月完成。能做到八九成最好，做到五六成也比四成好。

上述说的是第一、二、三代时间管理的精神，用备忘录、规划筹备，排优先次序后和自我控制辅以工具如行事历、进度表等达成时间管理的目标。这固然有其价值及智慧，但随着社会急剧发展和演进，这三代的方式仍有不足，于是便被第四代时间管理的概念所取代。第四代时间管理保留了前三代的优点，但修正了第一代所谓要事只是"急在眉睫的事"，和第二、三代所要做的事不一定是自己需要或能自我实现的事的缺点，以制定目标，排列优先顺序和满足需求为重点，为结果负责任，和个人价值相连，具有方向性，不浪费时间和精力，同时减少个人生活压力，这才是较为切合现代社会的时间管理学。

第四代时间管理精要

第四代时间管理完全摆脱了"备忘录性"和"行事历性",纠正了只讲求效率而忽略事情重要程度的缺点。也就是说,第四代的时间管理不是"校快"你的时钟,而是"提供"一个罗盘,因为你走得够不够快是一回事,方向是否正确是另一回事,而且更重要,否则走得快只会偏离目标更远,走向了相反的人生道路。

相信大家都有过这样的经验,我们常常忙于应付很急的事,却无暇去想这些急事是否必须即时处理和这些急事是否重要。做得多,做得快,不代表做得对!

时间安排的象限表

	急迫	不急迫
重要	(I)	(II)
不重要	(III)	(IV)

这个表共有四个象限:
(I) 重要且急迫。
(II) 重要但不急迫。
(III) 不重要但急迫。
(IV) 不重要也不急迫。

课堂活动五　分清"重要"与"急迫"

内容：你能试试把生活上的事项，按"重要"和"急迫"填写在上表的四个象限内吗？

现在，请比对你所填的表和下面的表内的定义，看看有什么启示。

	急迫	不急迫
重要	（Ⅰ） ·紧急状况 ·迫切的问题 ·限时完成的会议或工作	（Ⅱ） ·准备工作 ·预备措施 ·价值观的澄清 ·周详的计划 ·人际关系的建立 ·真正的创造 ·增进自己的能力
不重要	（Ⅲ） ·造成干扰的事情、电话 ·信件、报告者 ·会议 ·许多迫在眉睫的急事 ·符合别人期望的事	（Ⅳ） ·忙碌、琐碎的事 ·广告、宣传函件 ·电话 ·拖延、逃避性活动 ·懒惰、浪费时间

（资料来源：1994 Covey Leadership Center I.）

第（Ⅰ）象限：

在这方格内的事既重要也急迫，例如，要赶最后期限，不交齐作业，老师会发火；病了要到医院去；发生麻烦的家人从海外来电。这些事不急不行，而且重要。

第（Ⅱ）象限：

这个方格内的事无迫切性，但是重要，例如，个人下一年的学习计划，为自己存零花钱，听同学诉说心事。表面上这些事无迫切性，自然很容易被押后。

第（Ⅲ）象限：

这个方格内的事真的很急迫，如响个不停的电话、没有预约就闯进来的推销员、忽然到访的无事闲聊的邻居老大妈。事出突然，却不是很重要。

第（Ⅳ）象限：

这个方格内的事，既不急迫，也不重要，直接地说就是浪费生命。

大部分的人都会被"急迫"所控制，为急迫的事而忙，常常徘徊于（Ⅰ）和（Ⅲ）之间，忙得"透不过气来了"，便又逃到（Ⅳ）这个象限去"休息"、"娱乐"或"玩耍"一下。结果怎样？象限（Ⅱ）给忘得一干二净，因为不急嘛，还有时间嘛！殊不知，这些看似不急的，却是很重要的！

第四代时间管理的观念告诉我们，如果你偏重（Ⅰ）、（Ⅲ）、（Ⅳ）的事务，而忽略（Ⅱ）的事务，会有以下后果：

偏重某个象限事务的结果

偏重象限（Ⅰ）事务的结果	偏重象限（Ⅱ）事务的结果
● 压力甚大 ● 筋疲力尽 ● 危机处理 ● 忙于收拾残局	● 有远见，具理想 ● 平衡 ● 纪律，自制 ● 少有危机
偏重象限（Ⅲ）事务的结果	偏重象限（Ⅳ）事务的结果
● 短视近利 ● 危机处理 ● 轻视目标与计划 ● 缺乏自制力，怪罪他人 ● 人际关系泛泛，易破裂	● 无责任感 ● 工作不保 ● 毫无贡献 ● 依赖他人或机构维生

换言之，第四代时间管理将重点放在"重要性"上，强调以重要性作时间管理观念的骨架，建议人应将大部分时间和精力放在（Ⅰ）和（Ⅱ）象限之内，即要问自己："最重要的是什么？"而且当我们将时间花在计划、准备和增强能力方面时，就自然而然地把可能变成紧急的事项在最早阶段解决掉！那就是"悠闲"、"不急迫"了！这也是社会上有很多很有成就、很有贡献的人，仍能轻松地生活，举重若轻，面对压力从容自在的主因。因为他们善于管理时间，他们是时间的主人而非奴隶，在工作上省却不少时间，因而可以过有质量的生活。

你或许会问:"那么,'最重要的事'是什么?"问得真好,据《与成功有约》一书的作者 S. Covey 指出,最重要的时间管理有三个基本观念:

1. 完成人生的四大需求:爱、生活、学习和发挥影响力。
2. 确定明确的生活方向。
3. 发展人类天赋的四大潜能:自觉、良知、独立意志和创造力。

纵观 Covey 的看法和本书的理念是一脉相承的:自我认识、了解,建立和谐的人际关系,使获得滋润和爱,对社会、对家庭、对个人都关心、尊重、欣赏,努力做好自己。这些基本生活技能,实在不是什么秘密,只要你愿意,你也能好好管理,不但能管理好时间,也能管理好生活。

第五章　零敲碎打——善用闲暇

闲暇——时间管理的另一章

忙碌的人常说,"我没空","我没有闲工夫",而闲暇要求的正是"空",正是"有余裕的工夫"和"有时间"!其实追求闲暇、追求逸乐是人的本性,君不见古人常强调逍遥自在,徜徉于山水之间,随波逐流,不知其所止,这些都是一种人性的自我解放,不滞于俗务的境界。而古代西方如希腊、罗马更是追求享乐的典范。那时工作、勤劳是属于奴隶的,贵族、精英则过着悠闲的生活。但随着社会进步,工业革命,再进入后现代,"闲"成了奢侈。当然,游手好闲、不事生产不值得鼓励,但没日没夜地学习、工作就一定最好吗?你真的不需要闲暇吗?

课堂活动六　一周闲暇表

随手记：一周闲暇表

	周一	周二	周三	周四	周五	周六	周日
0:00～2:00							
2:00～4:00							
4:00～6:00							
6:00～8:00							
8:00～10:00							
10:00～12:00							
12:00～14:00							
14:00～16:00							
16:00～18:00							
18:00～20:00							
20:00～22:00							
22:00～24:00							

温馨提示：请先阅读下一页的说明，再用斜线显示你的闲暇时间。

表是以两个小时为一个单位的,如果你觉得间距太大,你可考虑以一个小时为单位(二三十分钟为单位自然更为准确,但太烦琐了,还是用模糊逻辑或四舍五入法好了)。

定义:你的闲暇时间是指除了睡眠、工作、上学、适度吃喝和个人清洁卫生外,你能运用的时间。

简单的方法:先将吃、睡、工作等"正事"所占的时间删除,便容易计算闲暇时间了。

怎么样?你看到了你的时间运用的真相了吗?你原来仍有不少"闲"时间!你的闲暇集中在哪一(些)天?哪个时段?那些时间你都做了些什么?是谁"偷走了"你的时间?而根据你已填好的"一周闲暇表",我们可进一步了解你在这些时间是怎样过的,过的质量又如何。

课堂活动七　闲暇活动表

指示:首先在(A)至(M)各题圈出合适的答案并计算分数,你会知道你的闲暇活动集中反映在哪方面。然后,试列出不同闲暇活动的可能方式。

例如,(A)和别人一起:唱歌、跳舞、逛街、义工。

又例如,(G)与众不同:学京剧、攀岩、伐木。

最后评估一下你是否喜欢或沿用现在的闲暇方式,说说你受到了什么启示,有什么想法或改变。

自我评估：闲暇活动表

请依据下列句子，圈出合适的数字（1～5程度逐渐加重，"1"表示完全不同意，"5"表示完全同意）。

(A) 和别人一起					
我享受和一群人一起	1	2	3	4	5
我喜欢和别人交谈					
我重视和我一起的人多于参加什么活动					
我享受参加团体活动					
总分：					

(B) 和家人一起					
我喜欢与家人外出活动	1	2	3	4	5
我享受在每个黄昏可和家人一起谈话，一起轻松一下					
我和家中所有人都相处愉快					
当我离开家人一段长时间时，我会很想念他们					
总分：					

（C）独处之时					
我享受独处的时候	1	2	3	4	5
我喜欢自己能够集中精神做一些事，不必因为要和其他人谈话而停下来					
我享受有自己专用的房间					
我喜欢依照自己的判断做事					
总分：					

（D）用你的脑袋					
我享受思考、计划和决策的时间	1	2	3	4	5
我欣然接受意见，并喜欢依随它做事					
我喜欢阅读和学习新事物					
我享受和别人谈论问题和事件					
总分：					

（E）做一些东西					
我喜欢见到自己努力的成果	1	2	3	4	5
我喜欢使用自己的一双手					
我乐于使用工具和机械					
我喜欢一些体能活动					
总分：					

(F) 帮助他人					
我因为感到自己有用而快乐	1	2	3	4	5
我乐意告诉别人怎样解决问题					
我愿意为某些事情而付出时间					
我以为我们应该尽量使别人更好过					
总分：					

(G) 与众不同					
我喜欢与众不同	1	2	3	4	5
我因为做了和其他人的期望相反的事而高兴					
我喜欢自己做决定					
我喜欢发掘做事的新方法					
总分：					

(H) 运动					
我喜欢自己身材好	1	2	3	4	5
我享受运动					
我喜欢户外活动					
我喜欢和强劲的对手比赛					
总分：					

(I) 创意					
我喜欢运用自己的想象力	1	2	3	4	5
我喜欢通过音乐、绘画或写作表现自己					
我喜欢做白日梦					
我喜欢和一群善于想象的人在一起					
总分：					

(J) 与别人竞赛					
胜利可带给我激励作用	1	2	3	4	5
我喜欢尽力做每一件事情					
我希望发现自己比别人做得更好					
我认为即使得到第二名也不够好					
总分：					

(K) 欣赏大自然					
我宁愿离开城市，身处郊外	1	2	3	4	5
我享受大自然的美丽					
我喜欢从书本和电视节目中认识大自然					
我喜欢动植物					
总分：					

(L) 逃离压力					
学习之余,我喜欢休息一下	1	2	3	4	5
我喜欢暂时不理会问题					
我喜欢在一时兴起时做一些意想不到的事					
轻松一下和学习同样重要					
总分:					

(M) 寻找娱乐					
我喜欢成为一个听众	1	2	3	4	5
我喜欢寻找自己可以参加的节目					
我喜欢利用参加运动、看电影、演出或其他电视节目轻松一下					
我喜欢谈论我爱看的节目					
总分:					

 闲暇的特征

闲暇,指的不是整块的时间。比如上午你要上几节课,这几节课占用的就是整块的时间。闲暇,则是整块时间之外那些零散的时间,如下课之后的时间、放学回家路上的时间、午饭之后的时间等。当然,闲暇也是有特征的:

1. 是一个"开放"的资源,随意及自由运用。

2. 不断转变——视乎不同人生阶段和生活事项。

3. 包含了玩乐和休息时间。

4. 每人均可选择及应该拥有闲暇。

5. 不是不可捉摸的抽象概念。

6. 各人有各自精彩的闲暇活动。

7. 只要不为"五斗米",有时做事情也可以是消闲方式(义工)。

8. 闲暇是一种富创造性的时刻。

9. 闲暇为人的身、心、灵"充电"。

10. 是正确的,在如何运用上发挥各自选择并加享受。

因此,闲暇是有效善用时间的产物。善用闲暇能舒缓生活压力,增进精神健康,改善人际关系,使个体有发展及创造的空间。看来,我们需改一改"勤有功,嬉无益"的训诫,事实是:勤未必百分百有功,嬉却绝对有可能有益!未来,我们可依据下图来为自己创造空间,争取多一点闲暇:

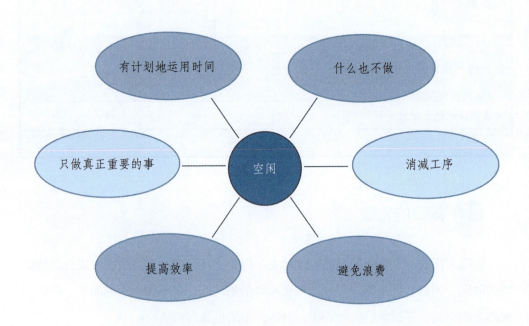

"程诺,你估计一下,时间/闲暇究竟值多少钱?"

"啊?我不知道啊!这怎么估计啊?"

"跟你说个小趣闻吧!美国有一个民意调查,年薪五万以上的人,有百分之七十愿意每星期放弃一天的工资以换取一天的假期,但年薪在两万五千以下的人,却只有少于百分之五十的人愿意这样做。另外,调查又发现,工资增加得快的人也更忙碌(多劳多得),而收入每增加20%,平均睡眠时间每日约减少20分钟。"

"哈哈!那就是越有钱,越没时间?就像我爸一样,以前他没开公司时,每周都能带我去玩,开了公司之后,就没空带我出去玩了。"

"是啊,你爸爸越来越忙,闲暇时间也就越来越少。所以,你也要理解你爸爸。"钟慎之解释,"今天的课后作业是,你回去后,完善你的行动计划,把今天的内容运用进来。另外,观察一下你爸爸,看他的时间管理能力如何,有没有用好时间、善用闲暇。老师期待你的大作!"

第八课 你掌握了攀登人生高峰的要诀

没有目标,人生将走向虚无。Life Skills 教你及早定下切合自己的目标,为实现精彩的未来做足准备。

课后实践七:搞定自己的时间表

 分身乏术的老总老爸

"忙死了!忙死了!"爸爸程让进门后,一边踢掉皮鞋,一边扯掉领带,放下公文袋。

"爸爸,您回来啦!"程诺看到爸爸今天这么早回来,很意外。

程让快步走过来想要抱一抱程诺,奈何儿子太重,叹口气说:"胖小子啊!"转身进了房间。

过了一会儿,程让从房间里出来时,已经换上一身休闲装,他拿过公文包,把钥匙钱包等物件在身上放好,又拿上车钥匙,准备开门。

"爸爸,您又要出去啊?"

李洁美闻言从厨房出来:"又要去应酬啊?"

这段时间两人关系已经缓和了很多,只是对话时间不多。程让心中有愧,走到太太面前,抱歉地说:"哎,老同学生日聚会,实在推不掉啊!"

看到程让的表情,李洁美也没什么可说的了,只是点点头说:"早点回来吧。"

程让开车上了马路。过生日的哥们儿叫陈乐,学生时代跟程让是铁哥们儿,帮过程让不少忙。陈乐人缘好,一说过生日,一大帮哥们儿都拍胸脯说一定到。程让也不好意思推辞,偏偏今天又是公司高层例会,为了讨论一个准备推行的新项目,大家争论得面红耳赤,一场例会一开就是几个小时。到了最后终于做出结论时,已经日暮西山。程让想起晚上还要参加聚会,只好赶紧回家换了衣服便冲出门了。

手机不停地在"滴滴滴"地发出提醒声,微信上的一大堆信息还在等他去看,手机短信也存了不少没来得及回复,他的电子邮箱——啊!还不知道有几百封邮件要查收和处理!电话不停,信息不停,仿佛有一只老虎在后面不停地追赶,他必须马不停蹄地往前跑啊,跑啊,永无止境……

自从开了公司之后,不知为何,程让觉得时间越来越不够用。父母那边,一个月都没时间去看望一次;其他亲友聚会,更是常常缺席;而自己家里呢……

哎,想起他的太太和儿子程诺,程让便抑制不住内疚感。这种内疚感太久了,久到他完全不愿意去想起,不愿意去触碰内心的这种感受。因为一旦忆起,自责便会随之而来,牢牢笼罩着他。

其实他何尝不知道,前些天和太太发生的大争吵,自己要承担很大一部分的责任;他又何尝不清楚,太太说的并没有错,是他近年来对这个家庭奉献的时间太少,于亲情上亏欠太多。他没有陪妻儿出去游玩、欢度佳节,也没有督导儿子的功课与学习,更没有陪太太回过娘家。作为一名丈夫和父亲,他都不是那么称职,虽然他在外辛苦拼搏也是为了这个家,但每次回到家之后,还是忍不住会油然而生这些情绪和感受。

 独立自主的白领老妈

李洁美和程诺两人开餐了。像今晚这样的场面,李洁美也不是没试过。想起前些天的争吵,李洁美也觉得自己说的话有些重了,其实她何尝不知道,丈夫这样终日忙忙碌碌是为了什么,当初决定开公司时,李洁美也是支持的。但随着业务逐渐上了轨道，事情的发展渐渐超出了自己当初的预计。而两人也从当初的互相支持，变成了都希望对方为自己做出让步与牺牲。

当然，李洁美是不想辞职的。她现在所任职公司的管理层对她委以重任，寄予厚望。而她自己，一直也是个非常积极向上的人，不认为女性就应该放弃事业，更希望婚后依然能够独立自主，在事业上独当一面，拥有自己的天地。所以，哪怕只是打工，李洁美也希望能够维持一份自己的工作，获得一片自己可以发挥的领域。

可是，程诺近年来的变化却渐渐让她感到了担忧。这么聪明的孩子，怎么成绩却难以提高？

她相信自己的儿子，在智商、天分上完全没问题，但是把这么小的孩子送出国去读书，真的是对他好吗？

李洁美觉得，老公的提议有些草率。虽然她没有上过家长教育班，但她认为，尚未对儿子进行评估，看他是否适合出国，就贸然决定送他出国，这不就等于不负责任吗？她并非不负责任的家长，她认为做这样一个重大的决定，不应该是这样直接而干脆的，而应该综合考虑。而且，他们也没有问过程诺到底想不想去国外，如果孩子有抵触情绪呢？

事实上，如果是对儿子好的事情，而儿子也愿意的话，作为母亲，她绝对愿意去做，比如说，她四处托人打听、到处询问、查找资料等，终于决定让程诺去参加钟慎之的 Life Skills 生活技能课，希望让程诺在性格成长、人生定位等方面能够获得良好的教导，开启他的新的人生历程。

李洁美也算是一位独特的家长了，她不像一般的父母，要孩子去参加奥赛班、补习班、各种兴趣班，她认为这些附加在孩子身上的知识，要由孩子自发地为兴趣去学习，这样才会事半功倍，也才会在学习之后让孩子有所收获；如果只是家长或者老师们推动他们去学习，孩子只是被迫学习的话，那么，这样的学习只是敷衍了事、应试教育，到头来孩子还是没有什么得益，这对孩子的成长真的好吗？

李洁美惊觉想得太远了，赶紧收回思绪，回到眼前的晚餐中。哎，像这样娘俩一起吃晚饭，已是习以为常的事情。家庭同乐的温馨场面，好像很久没有出现了。不过算了，老公也不容易。想起前些天自己才和他大吵一架，还说了那么重的话……李洁美暗暗做了个决定。

逐步升级的行动计划：学习、锻炼及良好的生活习惯

程诺却不知道自己的老爸和老妈正在各自不同的位置上思绪联翩，跑题都跑到喜马拉雅山去了！自从开始上 Life Skills 生活技能课，他就一直坚持写反思日记和行动计划。最近，他决定接受谅哥哥的提议，先搞定自己，于是行动计划越来越多，忙得不亦乐乎。程诺觉得，打从自己有记忆开始，还没这么用功过！

同时，钟慎之建议他观察自己的老爸，这不，今天的一幕就是最好的剧情啦，让他可以充分了解到一个人忙碌起来会是个什么样子！而且他更深刻地体会到，越是忙，时间管理和闲暇利用就越是重要。他突然觉得老爸就是个典型的案例啊！——他可不是贬低自己的爸爸！

程诺扒着碗里的米饭，默默盘算着：看来，自己的行动计划又要升级啦！

修改完毕，初步定稿了。总的来说，程诺的计划包括：

1. 学习。

他认为自己之所以成绩下滑，不是因为自己太笨，而是没有用心去学习，没有去揣摩那些知识。过去每天上课就是随便听听，放学就只是完成作业，到功课一多，他便应付不来了。

他决定，既然功课多，他应该尽力去平衡学习的时间，重点加强自己的弱项，比如英文，每天规定自己要背多少个单词、几篇课文。

再比如物理，他觉得学物理不应光是背公式和定律，而应该从宏观上理解这个世界，理解自然现象、物理现象，甚至宇宙现象。只有理解了，才算是真正学会了。要知道，很多伟大的物理学家其实也都是哲学家。如牛顿，他在苹果树下被苹果砸中，冥思苦想后悟出了地球引力的理论，这其实就是一种哲学猜想。

2. 锻炼。

虽然他不想承认，可是这简直是地球人都知道的事实——他太胖了！连他爸都经常打击他，说他是胖小子。程诺分析了一下，觉得自己的自尊感不高，有一部分也是因为自己外形的缘故。

看到操场那矫健的身影了吗?那些打篮球的、踢足球的、奔跑的、跳跃的……再看看自己,现在胖得跑起来就感觉费劲,别说打球了,哎!钟老师说得对啊,提升自尊感就是提升自己的自信心。谅哥哥不是说吗,要对父母表现出自己的自信,从而令他们对自己更有信心。

所以,提升自尊和自信,就从减肥锻炼开始吧!

3. 养成好的生活习惯。

他自己也不得不承认,以前的生活习惯真的不太好,整天除了上课下课,就是吃、睡、玩。虽然在这个年纪,他还不知道什么是好的情趣,什么是高雅的审美,但是他目前所学到的生活技能课的知识——时间管理的一大方法是利用好闲暇时间。通过做闲暇时间表,他发现自己的闲暇时间很多都浪费在类似于打游戏、看电视、吃零食、发呆这些事情上。于是决定,今后要减少这些活动的时间,把闲暇时间利用起来进行学习、看书,培养更好的习惯,参与更多不同种类的活动!

第一章　没有目标,人生将走向虚无

 可持续发展的全球观

今天是上第八课的日子,钟慎之却跟他说,今天的课会进行很长时间,中午也会和钟老师一起吃饭,让他先跟父母打声招呼。

这不,现在他俩站在约好的公车站附近。

"钟老师,我们去哪儿?"

"程诺,今天是个特别的日子,因为 8 堂 Life Skills 生活技能课即将进入尾声了。老师想和你一起上一堂特别的课,老师今天请你去看电影!咱们去电影资料馆!"

电影资料馆?还有这样一个馆吗?程诺还是第一次听说。

电影资料馆坐落在大方市的文艺路上。一路过来，这条路两旁绿树成荫，一阵风过，吹得树叶沙沙作响。

"程诺，你看到了吗？这些树在阳光下，都像镀了层金子似的，闪闪发光，真美啊！"

程诺抬头一看，果然，树叶在阳光下煞是好看，仿佛都在微笑似的。

"每当看到这些大自然的美，我就常常想到一个问题，人类如何能够将这些大自然的美景持续而传承下去。如何不去破坏它们，让我们的后代也能享受这些美呢？如何让这些美好的事物、美好的景致能够长久地保存下去？这是我一直思考的问题。"

程诺听得似懂非懂："钟老师，那我们要怎么办呢？把这些树都围起来？"

钟慎之笑了，"傻孩子！如果都是这么简单就好了！我们总不能把所有的好东西都包起来吧？蓝天、白云、青山、绿水……难道我们都去包起来？老师在思考的是如何让它们可以持续下去，通过某些措施，不，最根本的还是理念，需要有一种理念，从根本上去推动。"

钟慎之感慨道："其实这几年，我一直在思考这些问题，希望能够引入国外的一些环保理念，将它们中国化，并通过我的教学，去影响一些人，特别是孩子们，让你们可以接受这些新的理论。哎，不过老师年纪大了，精力有限，而且，思维毕竟不像年轻时那么敏捷了，感觉有点儿力不从心。"说着看向程诺，"希望就要落在你们这一代身上了。程诺，好好努力。老师知道，你能做到的。"

程诺虽然不是很明白钟慎之说的理念到底是什么，但还是郑重其事地点了点头。

 有趣的电影资料馆

电影资料馆是个有趣的地方。它其实也是一个博物馆，不过展览的都是与电影有关的内容。电影资料馆除了有展厅，也有演讲厅，会不定期邀请一些文化名人、电影界的相关人士来这里演讲、分享和交流；练习室，可供人进行排练和讨论剧本；小课室，可以上一些文化课、电影课；图书室，陈列的全部是跟电影有关的书籍、报纸、杂志，还有影音资料，可以现场借阅、视听，也可以借走带回家看。

当然，与其他文化馆、图书馆和博物馆不同的是，它还可以放电影。据钟慎之介绍，这里面放映的一般不是市面上的那些商业片，而是比较特别的片子。

特别的片子？程诺的好奇心又被勾起来了。说实在的，以往李洁美也带他去看过电影，去的都是那些大型购物商场中的电影城，看的都是卡通片、儿童片。而且其他同学也是看这些电影。钟老师说今天请他看电影，不知会介绍他看什么呢。

 特别的电影：《我是这样长大的》

电影名字叫作《我是这样长大的》，讲述了一个小男孩和他的姐姐在父母离异之后，跟随母亲生活，一路经历不同的变故，在这些生活变迁中慢慢成长的故事。小男孩的父亲是一个非常有童心的男人，爱好广泛，热衷于滑雪、潜水、露营、音乐创作等。而在妻子看来，这是严重的"不务正业"，两人不欢而散，妻子带着两个孩子重新生活，男人每隔一段时间来看望孩子，带他们去玩，度过快乐的一天。

母亲决定重新开始，于是回到校园读书，不仅完成了学业，并且和同样离了婚的大学教授喜结连理。教授本来也是两个孩子的父亲，于是两个家庭合为一个家庭，四个孩子每天在一起玩闹。然而好景不长，教授原来是个酒鬼，喝醉了就打老婆孩子，闹得家中鸡飞狗跳。终于，母亲无法忍受这种折磨，与教授一刀两断，带着自己的两个孩子再次回到单身状态。

这时母亲已在大学任教，有了不错的工作，然而精神上的寂寞让她还是忍不住找了第三个老公。这个老公是个退伍老兵，在一次聚会上他侃侃而谈，言语幽默风趣而生动，就这样打动了母亲。于是他们组织了家庭，买了房子并努力供款。可是，故事的发展和结局总是雷同，退伍老兵由于在退伍后找不到自己的定位，觉得怀才不遇，于是又重复了教授的故事，酗酒兼家庭暴力。最终，母亲再一次带着孩子离开了。

而与母亲不断寻找真爱而失败的故事不同的是，父亲却因为孩子们的一句童稚的追问而开始改变自己。父亲原本是个水手，到处跑船。有一次回来和孩子们团聚，孩子们问他，爸爸在哪里工作？他竟然不知该如何回答。从此，他默默地开始奋斗，边做水手边自学，通过努力考上了注册会计师，还结识了中产女友，重新组织了家庭，生了一个可爱的小女儿，过上了幸福的生活。

而他和前妻所生的孩子，在跌宕起伏的生活变迁之中渐渐长大，儿子由小时候稚气可爱的小男孩，渐渐长大成为一名内向而敏感的男生，浑身散发出自卑的气息，令人感叹。

结尾，已经长大的男孩也考上了大学，新的生活在他面前展开；然而，他却充满迷惘与不安，没有人生目标，也失去了未来的方向。他能否适应？未来他又会发生怎样的转变？这个耐人寻味的、开放式的结局，就留待观众去思考了。

 ## 发人深省的电影含义：成长中的关键时期

看完电影，钟慎之和程诺在电影资料馆旁边的小餐厅吃午饭。

他们谈起刚看完的这部电影。钟慎之告诉程诺，这部电影最大的特点是拍了十几年，程诺很惊讶，怎么可能呢？

原来，这部电影中拍的就是从小男孩小时候一直到长大，导演在小男孩成长的每一阶段都拍摄一段，然后在旁边观察他的变化，陆陆续续拍了十几年，没有用替身，也没有换演员。这是这部电影的一个很特别的构思。

钟慎之认为，导演是希望通过对真实人物成长的拍摄，来让观众感受到孩子成长中的变迁。时间就是这样一点一点溜走的，孩子们不知不觉就这样长大了。而稍不注意，你可能就错过了他成长过程中的关键时期。

原来是这样！

"程诺，你认为，小男孩长大后会怎么样？"

"我也说不清楚，但我觉得他好像很迷茫似的。"

"是的。这部电影的最后，男生在面向新生活、新伙伴的一种环境下，却显得若有所失，眼神中充满了迷茫、不自信和困惑。这也许是很多孩子到了那个年龄会发生的状况。其实也是这部电影要揭示的主题：很多人在成长的岁月中，都或多或少会面对一个重要的问题——人生没有目标。

"就好像男孩的妈妈，读书然后找份好工作，只是她的一个短期目标，实现之后怎么样？她还是不开心，一再地结婚、离婚，为什么？因为她找不到目标，她感情寂寞，以为靠找一个男人就可以解决，然而屡试屡败，最后当儿女都离开家时，她最终还是一个人。

"教授和老兵，也都是不知人生目标的人，所以终日郁郁寡欢，酗酒闹事。而小男孩，他因为儿时的经历——母亲带他们一再嫁人和搬家，从没真正享受过家庭的和谐、关爱与温馨，所以，他急于实现的短期目标是离开家，去远方生活。考上大学对他而言是短期目标实现了。

"然而，考上大学就真的是他心底里要追求的吗？恰恰相反，他上了大学，在大学里，却发现没有了目标，因为他的人生没有设立目标，换句话说，就是没有梦想。因此，他在新生活面前显得那么迷惘而颓废。

"这里面最有积极意义的，就是男孩的父亲。他认识到，自己需要为孩子们树立一个好的形象，于是只是一个水手的他，努力自学去报考注册会计师。在这个目标实现之后，没有迷惘，而是乐天知命地认真生活，脚踏实地，他的结局是最好的。为什么？因为他很认真地看待生活，他有着自己的人生目标，就是希望为孩子们做一个好的榜样。这个目标，多年来一直推动他向前走。

"我带你来看这部电影，其实是想让你了解到这部电影想要告诉人们的含义：人应该有自己的目标，除了那些短期的目标，还应该有一个让你足以为它而奋斗的人生目标，就像梦想是价值的追求！没有目标，没有梦想，人生就会像电影里的小男孩一样，感到迷惘。"

所以，今天的课，就是梦想课的终极篇——确立目标，实现梦想！今天的课，正式开始！

第二章　珍惜每一天，确立目标正当时

以艾力克森（Erickson）理论看人看目标

人生是宝贵的，时间长河永不停息，不论长短，生命都各有精彩，最能珍惜生命的方法就是善用时间，过好每一天。前面介绍的第四代时间管理观念强调"重要性"，而对你最重要的事，应该成为你终身追求的目标。有目标才有方向，有方向努力才不会白费，时间也才能用到点子上！

如同盖房子需要蓝图，你的人生也要规划。当然，人生目标会随人的成长而有所改变（见下表），但越早确定人生目标越好，日后因应情况而修改也就可以了。

艾力克森人生八大阶段目标

阶段	年龄	发展目标
一	0~1.5岁	信任对怀疑
二	1.5~3岁	自主对羞怯
三	3~6、7岁	主动对内疚
四	6、7~12岁	自信对自卑
五	12~18岁	角色统一对混淆
六	青壮年期	友爱亲密对孤独
七	壮年期	繁衍对停滞
八	老年期	完美无憾对悲观绝望

目标的种类

- 上述艾力克森以"人生阶段"来区分目标，每一阶段均有社会化的追求。
- 有人以"时间"来区分目标：如短期、中期和长期目标。
- 有人以性质来区分目标：学习目标、工作目标、社会目标、人生目标。
- 再细分之下，也有以"生活重心"而划分的目标。

从生活重心看人生目标

《与成功有约》一书的作者（Convey）将生活重心分为十个，我尝试将这十个重心精简撮要如下，并请各位思考一下：在各种生活重心之中，你认为自己较接近哪一种？另外，请你思考一下每一种生活重心可能潜在的"危机"。

1. 以家庭为重心。
安全感建立在家人的相处接纳与现实家庭的期望上，行为、态度、是非观念和价值均来自家庭的灌输或影响。

危机：_____

2. 以金钱为重心。
个人的价值由财富决定，对任何可能危及经济安全和金钱损失的事情充满戒心。

危机：_____

3. 以名利为重心。
安全感来自个人名誉、社会地位或拥有的资产多少，以世俗外在条件看世界。

危机：_____

4. 以宗教为重心。
行为标准决定于信奉宗教的教义和教友的评价，安全感来自宗教组织、教会活动和教友的支持。

危机：_____

5. 以享乐为重心。

官能性为主，追求最高或最大的享乐是决定行为或事物价值的依据。

　　危机：_____

6. 以工作为重心。

满足感、成功感、愉悦均来自工作，在工作中自得自在。

　　危机：_____

7. 以感情为重心（朋友）。

安全感来自朋辈和友谊，重视别人的评价和意见。

　　危机：_____

8. 以敌人为重心。

时时刻刻以敌人（假想敌）为念，安全感起伏不定，依敌人的行动而变化。

　　危机：_____

9. 以配偶为重心。

凡事取决于配偶的态度，极受对方影响，凡不利于婚姻关系的均视为威胁。

　　危机：_____

10. 以自我为重心。

焦点全放在个人身上，安全感也难以长期、稳定地保持。

　　危机：_____

课堂活动一 我的目标

你已经清楚目标的重要性、分类，理解不同生活重心的要点，现在是时候动脑、动手，为自己设定一个目标了。当然，一下子不可能定得太长远、太详细，但三个月、一年，甚或三年似乎是合理的范围。因为人生没多少个十年，而你在初中到大学这十年间似乎有三个三年计划可订（初一至初三，高一至高三，大一至大三），然后你就得踏入社会，到成人世界去打拼了！

请用下图，确立你的目标。

我的目标　　　　　　　　SMART

Specific	清楚具体说明想达到的目标
Measurable	有明确标准以致能衡量目标是否达到
Adaptable	能回应个人、专业及环境的需要
Realistic	订定能力所及的目标
Timely	要有时限

短期目标（三个月内）：

中期目标（一年内）：

长期目标（我希望三年内）：

第三章　我能够……

确定人生目标和任何计划,除了具体、明确、适应需要、有时限和可评估外,中间最容易出问题的是:你问了自己"想做什么",却忘记先问自己"能够做什么",而这个"能"是能力、才能及可能。确定目标一定要兼顾这个"能",而"能"不一定要和工作有关,如"我能和别人相处得很好",这是成功极为重要的因素。

课堂活动二　人贵有自知之明

活动要求:

请列出十个"我能够",然后在列出的能力中标出哪些项你最有信心做得比别人好。(当然这些"我能够"都是你自己写的,你就依信心次序从1～10排好)

我能够_____

_____（　　）

我能够_____

_____（　　）

我能够_____

_____（　　）

我能够_____

_____（　　）

我能够_____

_____（　）

我能够_____

_____（　）

我能够_____

_____（　）

我能够_____

_____（　）

我能够_____

_____（　）

我能够_____

_____（　）

* 反思

世界不断在变，社会不断发展，你也茁壮地成长。除了上述拥有的各项能力外，你还想发展什么，培养怎样的才能呢？

课后作业

课上到这里，钟慎之意味深长地笑了："程诺，今天是最后一堂 Life Skills 生活技能课了。咱们要告别了啊！时间过得真快啊！转眼几个月过去了。还记得第一堂课，你妈妈拉你过来的情景呢！现在，你感觉怎么样呢？"

程诺难为情地说:"我……"

"师傅领进门,修行靠个人。老师能教你的,也就这么多了。接下来的路,要靠你自己去体会、领悟和把握,靠你自己去走。你是个非常聪明的孩子,基本上一点就通。我很高兴能和你相处这几个月时间。这段时间,不但是你在学习,我也在学习。因为要教你,我需要去学习更多,思考更多,所以我也学到了很多东西,所以,谢谢你,程诺!"

"钟老师,我们这就再见了吗?我们还会再见面吗?以后我还可以去找您吗?"程诺鼻子酸酸的,眼泪差点掉下来。这段时间的相处,他从一开始的不感兴趣和抵触,到慢慢被钟慎之改变,到后来,他凡事都会想起钟慎之的一些教导、话语,用她的教导来调整自己的方向,指导自己具体该怎么做,钟老师的教育已经融入他的学习和生活当中,而今却到了要告别的时候。

"接下来,钟老师要去国外学习。所以,恐怕我们有很长一段时间无法见面了。"看到程诺脸上立即露出非常失望的神情,钟慎之又于心不忍,"咱们还可以通信的嘛!"

程诺擦擦眼角,点点头。

钟慎之又说:"程诺,你一共上了8堂Life Skills生活技能课,现在到了你毕业的时候了。一般读书毕业,都会有一个毕业证,不过老师这里没有。但是在毕业前,老师对你还有一个考验。"

"什么考验?"

钟慎之神秘地说:"别着急,我会把题目寄给你。这就是今天的课后作业,也是你的Life Skills生活技能终极考验!回去等消息吧!"

未来

你想做什么?

你想要什么?

……

第四部

毕业前的考验

上完 Life Skills 生活技能 8 堂课,
并不意味着你的学习结束了。
你学得好不好,能否顺利毕业,
还要通过这毕业前的考验……

Life Skills 生活技能

第一章　没有 Life Skills 生活技能课的日子

Life Skills 生活技能课完成之后，程诺忽然觉得生活不同了，好像少了点什么。明天又是周末了，往常这个日子，他已经习惯了要去和钟老师一起上课。可是现在，不用期待了……

过去，他每次上完课之后，都会去认真思考、实践，做课后作业，写反思日记，然后想着下一节课要怎么和钟慎之讨论他观察到的这些内容。他总是处于一种连贯性的思考与探讨当中，这样的生活持续了几个月，他的思维方式和习惯已经和从前大相径庭。他开始学着融会贯通，听课时也容易产生联想，好像老师说的东西更容易明白了。特别是过去总是很薄弱的物理课，也忽然变得有趣起来。他开始慢慢体会 Life Skills 生活技能课给他带来的奇妙变化，那些细微的、如春雨润物般无声的改变……

所以，当所有的课都上完之后，他觉得生活中像是少了一个目标似的，也开始有了一段时间的迷惘期——就像《我是这样长大的》中考上大学的男孩一样！

这可不行！钟老师说过，人生没有目标，就会变得虚无。程诺暗暗告诉自己，要确立目标，不要做迷茫的小男孩。

想起钟老师，就想到她说的终极考验，不知又会是些什么内容呢？

他开始期待那封来自钟慎之的信了。

同桌黄鹂现在已经基本可以用较为流利的普通话与别人交流了，成绩也逐渐上升了，开始步入正常的轨道，她的脸上也有了更多的笑容，人也渐渐变得自信了。古老师看到程诺对黄鹂的帮助确实起了不小的作用，很是欣慰，提名他为今年德训中学"小雷锋标兵"的候选人，让他介绍一下自己助人为乐的故事。程诺推辞了，他觉得帮助黄鹂这么小的事情，没有什么可说的。

"程诺，你去参加评选吧！我支持你！做你的啦啦队！"黄鹂鼓励他。说真的，黄鹂觉得，没有程诺的帮助，她现在不知道会是个什么样子！

程诺又一次想起了钟慎之,如果钟老师在,她会给我什么建议呢?

"程诺,你的信!"

第二章　终极考验

钟老师的来信

程诺小心翼翼地展开阅读,生怕漏掉一字半句:

　　程诺,首先恭喜你顺利完成了8堂 Life Skills 生活技能课的学习。在这几个月的学习当中,我看到了你的改变与提升。老师很为你,也为自己感到开心!为你开心,是因为你挣脱了过去的思维枷锁,开始了新的人生;为自己开心,是我能认识你这样一个聪明的好孩子,能与你共同学习,并一起进步和变得更好。课程虽然结束了,但雁过留影,人过留情,如果你愿意,钟老师愿继续做你的良师益友,和你一起在未来的道路上探讨人生,共同追逐梦想。

　　对,你一定想问,所谓的终极考验,究竟是什么?其实很简单,你只需要做三件事。

　　考验一:再做一次"自我测试问卷"&"八大能力提升表"

　　还记得第一堂课时,你交给我一份问卷,我说现在不看,在上完所有课之后,自然有用吗?那份问卷,老师一直帮你保存着,现在寄给你。请你再做一

次这份问卷,然后与你最初做的答案进行对比,看看有什么不同。然后,请你思考一下:这些变化说明了什么?你体会到了什么?

还有"八大能力提升表",也请你再做一次,同样对比过去的答案,找出变化并进行思考。

考验二:Life Skills 生活技能课……我的回应

上完这8堂生活技能课之后,你会不会有一些体会和感受?有什么想法?请你认真思考,并诚实地写下这些内容。

1. 上完生活技能课后,我学到的最重要的是:＿＿＿＿＿＿＿＿
＿＿＿＿＿＿＿＿＿＿＿＿＿＿＿＿＿＿＿＿＿＿＿＿＿＿＿＿

2. 仍未解答的重要问题是:＿＿＿＿＿＿＿＿＿＿＿＿＿＿＿
＿＿＿＿＿＿＿＿＿＿＿＿＿＿＿＿＿＿＿＿＿＿＿＿＿＿＿＿

3. 我下一步应做的是:＿＿＿＿＿＿＿＿＿＿＿＿＿＿＿＿＿
＿＿＿＿＿＿＿＿＿＿＿＿＿＿＿＿＿＿＿＿＿＿＿＿＿＿＿＿

考验三:勾画未来的蓝图

还记得吗?在最初上课时,老师问过你一个问题:将来你想做什么?那时,你回答不出,因为你自己没有答案。当时老师对你说,答不出这个问题,就先不管它,把它放在一边,等到上完所有课,你自会有答案的。

现在,告诉老师,你有自己的答案了吗?如果是,请写下来,或者,画一幅画给自己:

未来,你想做什么?你想要什么?你的将来是什么样子的?

我的未来：

毕业赠言

程诺，恭喜你，做完以上这些考验，你就真正毕业了。然后，你会要继续升上高中、大学……你眼前的路刚刚展开，还有很长很长。人生匆匆数十载，但是，老师曾经告诉过你，人生的关键十年，就是从11岁到21岁期间这段黄金时间！十载耕耘，十载收获，世界没有不劳而获，也无所谓劳而不获。我个人绝对相信多劳多得！得到的不一定是物质，而是整个人，身、心、灵的获益。传统的五育是德、智、体、群、美，现代在五育上再加"灵"和"情"成为七育。七育平衡发展，人才能成大器，才能在人生舞台上自由欢笑、放歌。

这个社会处处在讲成功学，在我看来，成功不一定是有名有利，如能做一名助人为乐、热爱生活、积极向上、有自己清晰的目标，并能朝着这些目标而努力奋斗，并兼具健康爱好和高尚思想的人，就是成功！这成功来得更让人惊喜，这也是老师对你的期望！

珍重！加油！

钟慎之

第三章　独自行动，不如与人合作

程诺郑重地合上这封信，久久没有说话。他看向窗户外面，透过玻璃，阳光斜斜地落在操场上，几个学生正在玩闹着，每个人都是那么生动而活泼。他心里豁然开朗，一种积极的乐观的情愫正在滋长。他的内心感到一阵以前从未体验过的充实和昂扬，视线变得清晰，头脑也变得清明。

"程诺，你没事吧？"黄鹂看他看完信后一直发呆，忍不住推推他。

"啊，没事！"程诺反应过来，灿烂地笑道，"黄鹂，咱们来合作个项目吧！"

"什么项目啊？"黄鹂莫名其妙。

"古老师不是想让我去讲讲如何助人为乐的故事嘛，我想了很久，现在咱们学习这么紧张，不如你和我合作，一起给大家上一堂减压操课，不是更实在吗？"

黄鹂听完，面露难色："可是，我，我行吗？"

"怎么不行？你现在不是做得挺好的嘛！普通话也进步很大啊！试试吧！"

在程诺的反复劝说下，黄鹂终于决定"舍命陪君子"了。毕竟，程诺对她的帮助那么大，她觉得程诺的提议也很有意义，应该帮助他实现这个想法。

于是，在放学后，他们开始讨论具体的策划和流程……

第四章　家庭大变身

商量完毕，离放学已经过去了一个多小时。程诺回到家时，已是夜幕降临。

"妈妈，不好意思，今天和同学讨论一个活动，回来晚了！"进门后，程诺便准备向老妈解释，然而——人呢？

正疑惑着，李洁美穿戴整齐、妆容精致地从卧室走出来。"儿子回来啦！"

"哇！老妈，您今天真美！"程诺不由得大喊一声。

第四部 毕业前的考验

李洁美扑哧一声笑了:"傻孩子!饿坏了吧?咱们出去吃饭!你爸爸打来电话,说今晚咱们三个出去聚餐!"

"真的啊?爸爸今天有空吗?这么好!去哪儿吃啊?"程诺开心地问。

"他一会儿来接我们。"话音未落,门被打开了,程让站在门口问:"怎么样,准备好了吗?"

"好了好了。程诺,咱们走吧!"李洁美拉着程诺往外走。程让乍一看到李洁美,眼前一亮!

"程诺,你说心里话,你妈妈今天美不美?!"程让忍不住兴奋地问儿子。

"美!极!了!"程诺大声地回答。李洁美乐得笑弯了腰,一脸甜蜜。

走到车门旁,李洁美刚要拉开车门,程让说:"等等!"转身从车厢后座掏出一束红玫瑰,"结婚周年快乐!"

"哇!爸爸真帅!"程诺兴奋地鼓掌。原来今天是程让和太太的结婚纪念日,难怪要这么隆重地出去庆祝呢!

李洁美开心而羞涩地接过红玫瑰。三人在车里坐定,程让正要启动,李洁美又说:"等等!"又怎么了?她从自己的手袋里掏出一个信封递给程让:"我也有礼物送给你!"程让打开一看,是调职通知!

原来李洁美眼见家庭责任越来越重,而程让又分身乏术,决定做出一些让步,便申请从现在的业务部门调去行政部门,挑战小了,不过工作稳定、时间规律,也很少需要加班。

"可是,你这样,不是发挥的余地少了很多吗?"程让拿着这份通知,有喜有忧。喜的是,李洁美愿意为了自己、为了儿子、为了这个家庭做出牺牲;忧的是,担心太太为此而受到委屈,工作得不开心,这不是他想看到的局面。程让觉得,一个成功的男人,首先应该是可以让家庭过上好的生活,让妻儿过得开心!他虽然一直很希望太太做全职主妇,但又觉得自己这样想是自私了些,哎!人真是矛盾啊!

"其实也不会啦,公司高层一直很认可我的能力,所以调去行政部门也是做部长,有第一决定权。因此,这次调动也不算是屈就,还算是升职呢!工资还稍微调高了点儿呢!"

"是吗?这下就好咯!谢谢老婆!谢谢儿子!"程让启动汽车,"出发!"

作者赠言

程诺的故事到这里就告一段落了。至于，他后来怎么样，如何克服重重考验，考上名校，那就留待读者们去发挥想象力了。

接下来是作者送给各位读者的阅读资料，包括程诺 Life Skills 生活技能课反思日记、程诺 Life Skills 生活技能课行动计划。

希望程诺的这些小日记和小计划，能够给读者们带来一些启发和思考。

到底程诺写了些什么？

快来看看吧！

Life Skills 生活技能课之反思日记

记录人：程诺

第一课：学习习惯和风格

● 我在这一课里学到 / 进行了一些活动 / 印象最深的一点是……

印象最深的一个活动就是"学习习惯自我问卷"。这份问卷包括"动机"、"组织与安排"、"记忆力"、"运用资源及人才"、"聆听力"、"处理忧虑及个人问题"、"抄录笔记"、"书写文章"、"有效地阅读"、"考试及考前准备"以及"专题设计"11 项大问题，然后每一项大问题里面又有若干个小问题。整份问卷好长，问题好多啊（就像选择题），但是又不一样。反正没做过，虽然做得头皮发麻，但我还是耐着性子做完了。

● 我的个人感受

哎！别提了！从小到大，我一直觉得自己挺聪明的，学习起来也特别容易，没什么问题。谁知道不做问卷还好，一做问卷吓一跳！一共 11 项里面，有 10 项的结果都不太好：不是需做改善，便是有问题！特别是连我一直引以为傲的记忆力方面，都是有问题！这怎么可能呢？我当时简直不敢相信自己的答案，我的学习习惯有那么差吗？我认为一定是这份问卷设计有问题！我被重重地打击了……

● 我的反思

经过钟老师的分析，仔细看每一题的内容，我才发现自己在很多方面确实做得不够好，比如，为学习和复习考试制订时间表，这个我以前想都没想过；另外，在课堂积极提问和与老师交流方面，我承认自己很懒……好吧，看来我的学习习惯真的要改善了！真是太丢人了！

Life Skills 生活技能课之行动计划

计划人：程诺

第一课：学习习惯和风格

我的计划：要改善学习习惯！

● 我的发现

通过做"学习习惯自我问卷"，我发现自己的学习习惯有问题，需做改善。

● 我期望改变的地方

学习要素	结果分析
动机	需做改善
组织及安排	有问题
记忆力	有问题
运用资源及人才	需做改善
聆听力	没问题
处理忧虑及个人问题	有问题
抄录笔记	有问题
书写文章	有问题
有效地阅读	需做改善
考试及考前准备	有问题
专题设计	需做改善

看来，除了"聆听力"，其他都要改善。

● 我的计划

把这 11 项按轻、重、缓、急来分类。先改善重和急的。

记忆力：按照问卷中来加强和提升。要定期强化所记忆的内容，反复练习。

运用资源：常去图书馆，多看看书，上网找资料。

抄录笔记：其实，班主任古老师经常强调要做笔记，但是……班上有些同学的笔记做得不错，值得借鉴。

考试前的准备：制订准备的时间表，按进度进行。

组织与安排：每周订一个学习时间表，每天按时完成功课。

其他的以后再纳入行动计划吧！

备注：不知道能坚持多久，希望自己能坚持下去！至少，坚持一个月，看看效果怎么样。

后 记

确立目标，做人生赢家

《改变你一生的8堂生活技能课》是香港忠美跨文化中心策划的第一本青少年读物，由香港忠美跨文化中心与中山大学出版社合作出版，读者定位为11岁至21岁的青少年。

本书的内容围绕"Life Skills 生活技能"展开。该理论源自欧洲，由心理学、社会学、教育学与辅导学融合提炼而成，并在引入香港后实践多年，已获得显著成效，被众多学校列为非常规类辅导课。

本书是一本独特的书。为了提高本书的阅读愉悦性和轻松感，我采用了人物故事与学习理论相结合的方式进行阐述。具体来说，本书讲述了一位名叫程诺的少年，虽有很好的天分，奈何不喜欢学习，也没有清晰的人生目标，因此在升上初二后，学习方面遭遇滑铁卢，成绩一落千丈。程诺的妈妈李洁美，是一位颇有见地的"特殊家长"，面对孩子的学习困境，她没有像一般家长那样，心急地送孩子去各种补习班，也没有买一大堆参考书籍逼孩子去念，而是四处打听"特别的老师，特别的课程"，并最终物色到了教授 Life Skills 生活技能课多年，为众多在学习、性格、成长、人生定位等方面有问题或者困惑的孩子们指出了新的思路与努力方向的钟慎之老师。在钟慎之老师别出心裁的教学方法的引导下，程诺一步步打开自己的思维，开始朝着新目标、朝着美好未来努力前行。

"忠美跨文化中心"的"忠美"二字，由忠诚与美德构成；钟，为"忠"的谐音,代表"忠美跨文化中心"之"忠"。慎之,则寓意每一位老师都应对教育慎重待之,对每一位学生珍而重之,因材施教,有教无类,让每位孩子都得到最好的教育、最用心的培养。

而本书中其他人物名称的设定,也颇具深意。程诺,寓意重信守诺,一诺千金;程诺的父亲程让,寓意礼让;程让的哥哥程谦,寓意谦逊、谦虚、谦让;程谦的儿子、程诺的堂哥程谅,寓意谅解、体谅。

在中国的传统文化中,守诺、礼让、谦逊、体谅等,都是非常美好的、值得人们学习传承的德行,都是传统美德;现代社会中,人们的生活变得越来越快餐式,新型信息和文化铺天盖地之下,这些传统美德正在渐渐式微。中华民族泱泱五千年文明,其中传统美德、传统礼仪是中国人不应舍弃、要继承发展的文化瑰宝。中国历来是礼仪之邦,诺、让、谦、谅是我希望青少年们能了解和学习中国传统礼仪和道德标准的一些示范。

Life Skills 生活技能是一门帮助人们成长,从而找出人生定位、实现人生目标的"成长课"。作为一位在香港从事高等学府教育三十余年的教育者,我教过很多学生,其中不少人在社会中站稳了脚跟,获得不错的成就,这些学生在我看来,便是人生的赢家。究其原因,他们之所以能获得成功,与他们在求学期间树立了清晰的目标,并朝着目标努力奋斗不无关系。本书中也强调,青少年在成长过程中,应该学习摸索、寻找人生定位,确立人生目标,甚或梦想,并为之而坚毅地前行。没有目标,人生将走向虚无。

有念及此,我在书中还设置了一个人物——主人公的妈妈李洁美。她既是一位传统的女性,相夫教子,不劳辛苦,并在结尾为了家庭而做出了自我牺牲;她还是一位现代女性，在全心全意照顾家庭的同时，她也有自己清晰的人生目标和定位，并且一直努力奋斗。而李洁美这个人物的设定，更是我对我两位已经在天上的长辈的纪念。其中，"李"为纪念我的奶奶李三，而"洁"则取自我姑母简洁莲的名字。在我看来，这两位长辈都是伟大的女性。她们属于20世纪旧时代的女性，没有所谓"自己的事业"一说，如果说有，也就是"全职主妇"，但他们在自己的有生之年中，也有自己清晰的人生目标，而且脚踏实地地每天去实践这个目标，朝着目标而尽心尽力地去做点点滴滴的奉献——这个目标便是"照顾家庭、抚育晚辈"。她们在照顾我们这些晚辈的身体健康、日常饮食之外，还会教我们为人处世的道理，虽然她们不是现代知识女性，但她们教育我们的也都是传统的做人准绳、待人接物的礼仪等。成年后的我拥有健康的身体、聪明的头脑、热情的态度和善良的心灵，都是她们给予我最大的馈赠。在某种程度上，她们的人生目标早已经成功实现，她们也是人生的赢家。现在她们都已经离开我很多年了，我常常感念她们对我的付出，因此在本书中特别纪念她们两位女性。

"长风破浪会有时，直挂云帆济沧海"，愿大家都能活出精彩的未来，做人生的赢家！

简倩如